혼자라도 좋은 감성여행

퐁당, 동유럽

혼자라도 좋은 감성여행

퐁당, 동유럽

초판발행 2015년 2월 5일
초판 5쇄 2019년 1월 11일

지은이 윤정인
펴낸이 채종준
기 획 지성영
편 집 한지은
디자인 이효은
마케팅 황영주 · 이행은

펴낸곳 한국학술정보(주)
주 소 경기도 파주시 회동길 230(문발동)
전 화 031-908-3181(대표)
팩 스 031-908-3189
홈페이지 http://ebook.kstudy.com
E-mail 출판사업부 publish@kstudy.com
등 록 제일산-115호(2000. 6. 19)

ISBN 978-89-268-6795-2 03980

책에 대한 더 나은 생각, 끊임없는 고민, 독자를 생각하는 마음으로 보다 좋은 책을 만들어갑니다.

혼자라도 좋은 감성여행

퐁당, 동유럽

윤정인 지음

이담 Books

이 책은
체코 · 오스트리아 · 슬로베니아 · 크로아티아 ·
헝가리 · 루마니아 · 불가리아 · 그리스 등
8개 나라에 대해 이야기하고 있습니다.
체코 · 오스트리아 · 슬로베니아 · 헝가리는
중유럽으로 분류되기도 하고,
슬로베니아 · 크로아티아 · 루마니아 ·
불가리아 · 그리스는 발칸반도로 묶기도 합니다.
그러나 이 책에서는 통상적으로
'동유럽'이라 불리는 나라들을
경계 없이 엮었으며,
그리스의 경우,
동유럽에 해당되진 않지만
워낙에 인상적인 곳이라
포함시키게 되었습니다.

Road map
프라하
쿠트나호라
체스키크룸로프
할슈타트
장크트볼프강
빈
잘츠부르크
부다페스트
블레드
루블랴나
포스토이나
자그레브
플리트비체
자다르
두브로브니크
시기쇼아라
브라쇼브
브란성
시나이아
벨리코투르노보
소피아
미코노스
이드라

• prologue

"혼자 여행을 가? 그것도 동유럽으로? 위험하지 않겠어?"

첫 장기 여행을 동유럽으로 결정했을 때, 주위 사람들은 부러움 반, 우려 섞인 시선 반으로 나를 봤다. 여행 경력이 적은 편은 아니었다. 사회생활을 시작하며 근 7년 동안 매년 짬을 내 여행을 다녔다. 그것도 대부분 계획을 손수 짜고 다녔으니, 여행을 모르는 초짜는 아닌 셈이다. 그럼에도 주변에 여행 이야기를 할 때면 매번 '네가?'라는 의외의 눈빛을 받는다. 이런 반응은 평소 나를 잘 아는 사람들도 예외는 아니다. 그럴 만도 한 것이 내가 봐도 나는 조용하고, 소극적이고, 예민하고, 움직이기 싫어하고, 사람들과의 만남을 그다지 즐기지 않는 그야말로 내향적 기질의 완전체이기 때문이다.

동유럽을 여행지로 선택한 것은 내 그런 기질과도 연관이 있었다. 언제나 그렇듯 일상과 사람에 지쳐 있던 나는 그저 '사람들이 많이 찾지 않는 낯선 곳'으로 떠나고 싶었고, 그곳이 동유럽이라고 생각했다. 지도를 펼쳤을 때, 오밀조밀하게 붙어 있는 유럽 대륙이 보였다. 왼쪽에는 프랑스, 독일, 이탈리아 등 익숙한 나라가, 오른쪽에는 처음 본 나라들이 크고 작은 경계를 이루고 있었다. 그 나라들은 마치 정복되지 않은 미지의 세계처럼 보였다. 사회주의가 붕

괴된 지 그리 오래되지 않은 곳, 그래서 순수함이 남아 있을 것 같은 곳들. 발음하기도 어려운 생전 처음 들어본 도시 지명들을 읊어가며 더욱 확신했다. 내가 숨어 지내기에 딱 좋은 곳들이라는 것을……

여행에 미쳐 있는 사람들이 공통적으로 하는 말이 있다.

"여행을 할 때면 또 다른 내 모습을 볼 수 있어서 좋아요. 나에게 이런 모습이 있었나? 싶은 것들이요."

그야말로 빤하고 형식적인 이야기 아닌가. 하지만 이번 여행에서 나는 정말로 그런 경험을 했다. 평생 고칠 수 없었던 올빼미형 인간에서 새벽형 인간으로 탈바꿈했고, 무기력증에 걸린 사람처럼 축 늘어져 있던 몸은 하루 종일 걸어다녀도 지칠 줄 모르는 에너자이저가 되어 있었다. 경계심이 유독 강했던 나지만, 낯선 사람에게 기꺼이 마음을 열었고, 항상 다그치며 채찍질하던 나 자신을 조금 느슨하게 바라보는 여유를 갖게 됐다. 평소 나를 규정하는 무언가를 벗어던지고, 오로지 마음 가는 대로 세상을 보고 사람을 대하니 몸과 마음이 그렇게 가벼울 수 없었다. 이것은 분명 동유럽만이 가진 어떤 매력 때문이기도 했다.

오묘한 매력이 넘치는 체코에서 제대로 낭만에 취했고, 도도한 오스트리아에서는 자연과 예술이 주는 위엄에 감탄하고 감동했다. 세상에서 가장 아름다운 나라 크로아티아에서 느리게 도시를 탐닉했으며, 과거의 쓸쓸한 잔해가 아직 남아 있는 루마니아, 불가리아에서는 도시만큼이나 푸근하고 마음 따뜻한 사람들을 만났다.

중세의 흔적이 그대로 남은 골목을 걸으며, 또는 자연의 아름다움에 찬사를 보내며 정 많은 사람들의 호의에 날카로운 마음은 수시로 누그러졌다.

여행을 다녀와서 그저 그런 일상을 싱겁게 보내고 있음에도, 그전보다 나은 삶을 살고 있다고 확신하는 것은 여행을 하면서 그동안 나를 규정했던 모든 것이 진짜 내가 아님을 알았으며, 그로 인해 내 인생을 의지대로 밀고 나갈 힘을 얻었기 때문이다.

여행을 하면서도, 마치고 나서도 계속 머리에 맴도는 생각이 있었다. 이 매력 넘치는 곳들을 나만 알고 흘려버리는 것은 너무나 아깝다는 것, 그리고 보다 많은 사람들이 동유럽에 대해 알았으면 좋겠다는 마음이 간절했다.

이 책에서는 단순한 동유럽의 여행기가 아닌 '동유럽의 여러 도시에서 해 봐야 할 일'에 대해 중점적으로 다뤘다. 만약 당신이 체코의 프라하에 가게 된다면, 무엇을 할 것인가? 아마 프라하 성에 오르고 미로 같은 골목을 거닐거나, 아름다운 야경을 감상하거나 가이드북에 나온 그대로의 코스를 생각하고 있을지도 모른다. 물론 이것도 좋은 여행 방식이 될 수 있지만, 천편일률적인 여행 법을 벗어나 조금은 색다른 또는 주관적인 시선으로 여행지에 대해 소개해 보고 싶었다. 예로 프라하의 카를교는 여러 번 걸어야 한다거나, 오스트리아 다흐슈타인 산에서는 파이브핑거스 전망대에 올라 풍경을 봐야 한다는 것, 또는 자다르의 바다오르간을 들었을 때 느낀 가슴 벅찬 감동 같은 것 말이다. 나에게 특별한 이 경험을 글로 풀어내면서 나는 이 동유럽의 여러 도시에 더 없는

애정을 품게 되었고, 또 다른 누군가의 특별한 곳이 되었으면 하는 바람을 갖게 됐다.

김애란 작가의 단편 「호텔 니약 따」에서는 태국으로 여행을 간 주인공이 숙소에서 '골드베르크 변주곡'을 들으며 이런 생각을 한다.

'1700년대 바흐가 작곡한 음악을 2000년대 캄보디아에 온 한국여자가 1900년대 글렌 굴드가 연주한 앨범으로 듣는구나.' '이상하고 놀랍구나'. 세계는 원래 그렇게 '만날 일 없고' '만날 줄 몰랐던' 것들이 '만나도록' 프로그래밍돼 있는 건지도 모르겠다고…….

여행도 이와 다르지 않다는 생각이 든다. 우연한 작은 불씨로 인해, 생각지 못했던 새로운 곳에 발을 내딛고, 만날 줄 몰랐던 낯선 도시와 사람을 만나도록 프로그래밍되어 있는 것. 그리고 그런 우연의 점철을 맞닥뜨리며 우리는 여행에 중독되어 간다. 나는 이 글이 여행을 갈망하는 누군가에게 작은 불씨가 되었으면 한다. 책을 덮은 후 동유럽의 매력에 눈을 반짝이고, 떠나고 싶은 마음이 번쩍 든다면 그보다 기쁜 일은 없을 것 같다.

2014. 12.

윤정인

Contents

하나,
나만의 도시 지도 만들기

둘,
낯선 도시에서, 모험

셋,
동유럽 속 숨은 매력을 찾아서

넷,
숨기 좋은 도시에서 잠수 타기

하나,

나만의 도시지도 만들기

체코 Czech

체스키크룸로프

체코의 낭만, 동화 속 마을에서 찾을 것

프라하에서 체스키크룸로프(Český Krumlov)로 가는 날, 나는 무슨 배짱에서인지 느긋하게 굴었다. 늦게 일어났음에도 따끈한 공깃밥을 두 그릇이나 해치우고(한식을 언제 다시 먹을 수 있을지 몰랐다), 마른 빨래까지 반듯하게 개며 꼼꼼하게 짐을 쌌다. 버스 티켓을 가방 앞주머니에 넣고, 짐을 들었을 때에야 프라하를 떠나는 것이 실감 났다. 숙소 바로 앞에 있는 바츨라프 광장(Václavské Náměstí)을 지날 때, 갓 구운 피자 냄새가 거리에 퍼졌다.

도시마다 갖고 있는 고유의 냄새가 있다면, 프라하는 런던에 이어 두 번째로 그 향이 짙은 곳이었다. 거리에 즐비한 레스토랑의 고급 음식과 거리 음식이 뒤섞인 냄새, 색색의 중세 건물들이 목을 세우고 있는 거리, 그곳에서 북적이는 체코 사람들의 열기, 그리고 싸늘하면서 애달픈 가을 향까지…….

서울에 다시 돌아왔을 때, 나는 고국에 돌아왔다는 것을 무의식중에 냄새로 확인하고 싶어 했다. 공항버스 승강장에서 코로 숨을 깊게 들이마셨다. 아무 냄새도 나지 않았다. 한참 동안 나는 무취 속에서 도시만의 냄새를 찾았고, 그 향이 그리워 다시 떠나고 싶기도 했다. 재밌게도 냄새에 대한 기억이 짙었던 도시를 나열해 보면, 내가 그리워하는 도시 순과 그대로 맞아떨어졌다.

안델(Anděl) 역에 도착했을 때는 티켓 검표가 한창이었다. 다소 깐깐해 보이는 검표원은 내 예약 티켓을 받아 들고는 고개를 갸우뚱하며 예약번호를 두세 번 다시 체크했다.

"당신이 예약한 번호는 없네요. 잠깐 저쪽 옆에서 대기하세요."

분명히 홈페이지에서 결제를 한 후 승인 메일까지 받아온 터였다. 순간, 어제 민박집에서 사람들과 나눴던 이야기가 떠올랐다.

"스튜던트 에이전시 버스는 예약이 종종 안 되는 경우가 있대요. 예약 메일을 받았더라도 말이에요."

"그래서 버스를 아예 못 타고, 체스키크룸로프를 못 가는 사람들도 꽤 있었나 봐요."

그 일이 내게 일어날 줄이야. 옆으로 비켜 서서 기계의 오류이길, 혹 나와 비슷한 상황인 사람이 또 나오지 않을까. 기대 아닌 기대를 해 봤지만 나를 제외한 모든 승객은 무사통과다.

마지막으로 티켓을 확인하던 검표원은 결국 최후 통보를 내렸다.

"예약이 안 됐네요. 표를 예약한 건 맞는데, 시스템에 들어온 내역이 없어요."

"이 버스 놓치면 오늘 일정을 완전 망칠 것 같은데요, 빈자리에라도 탑승하면 안 될까요?"

원칙을 철칙으로 삼는 듯한 이 검표원은 단호하게 "No!"를 외치고선, 다음 버스는 2시간 후에나 있다는 야속한 말만 남겼다. 그럼 체스키크룸로프 도착 시간은 오후 4시. 관광지 몇 곳밖에 돌아볼 수 없는 시간이다. 검표원은 난감해하는 나를 보더니 그나마 다음 버스를 그 자리에서 예약해 주는 것으로 위로를 대신했다.

그때 2시간을 그냥 버리게 된 것이 그렇게 속이 상할 수 없었다. 2시간이면 프라하 구시가지를 한 바퀴 더 돌 수도 있었고, 체스키크룸로프의 뒷골목을 샅샅이 훑어볼 수도 있었다. 내 손에는 빼곡하게 하루 일정이 적힌 계획표가 있었다. 소요 시간부터 어디에서 무엇을 할지 육하원칙에 따라 세세하게 적어놓은 일정표였다. 이것이 여태 내가 여행해 왔던 방식이었다. 단기 여행에서는 이 방법이 효율적이다. 계획표대로 해냈을 경우 줄을 그어 가며 성취감을 느꼈다. 그러나 장기 여행은 달랐다. 여행을 시작한 지 20일 정도가 지나자 이 계획을 조금은 흐트러뜨리고 싶어졌다. 이것은 내가 나에게 관대해지고 싶은 마음이기도 했다. 그동안 작은 실수에도 자책하며, 어떤 일이든 완벽히 해내야 한다며 나를 괴롭혀 왔다. 계획표를 구겨 넣고, 의자에 누워 바쁜 듯 잰걸음으로 지나가는 사람들을 구경했다. 떠오르는 생각들을 노트에 적었다. 그 상황을 그대로 받아들이고, 마음이 흐르는 대로 있다 보니 2시간이 금방 지나갔다.

우여곡절 끝에 도착한 체스키크룸로프 버스터미널은 당혹스러울 정도로 황량했다. 황무지 같은 공터에는 버스 몇 대가 나란히 있었고, 바로 옆에는 텅 빈 도로뿐이었다. 봉고차 몇 대가 버스에서 내린 대부분의 관광객을 실어 가고, 주위에는 나처럼 방향 잃은 관광객 몇 명만이 남았다. 구시가지까지는 그리 멀지 않지만 아무 생각 없이 캐리어를 끌고 갔다가는 굴곡이 심한 돌길에 치여 캐리어 바퀴가 망가지는 경우가 종종 있다고 했다. 이 허허벌판에서는 택시조차 찾아보기 힘들었다. 한 아주머니도 곤란했는지 함께 택시를 찾아본 후 합석하자고 제안했지만 방향이 달라 무산됐다. 한참을 헤매다 걸어가야겠다는 생각이 들 때쯤 택시 한 대가 내 앞에 떡하니 멈춰 섰다. 반가움은 둘째 치고, 안 그래도 없는 시간을 낭비한 것이 왠지 억울해 택시 기사에게 원망 섞인 푸념을 늘어놨다.

"이 근처에 원래 이렇게 택시가 없는 건가요? 버스터미널이잖아요! 이 근처에서 몇 십 분 동안 빙빙 돌았다고요."

인상 좋아 보이는 이 기사는 내 말에 그저 사람 좋은 너털웃음을 한 번 지을 뿐이었다.

그는 구시가지로 들어가는 짧은 시간에 마을 사람들과 수시로 안부를 주고받았다. 창문을 열고 "어이, 어디 가는 거야?"라고 소리치면, 장바구니를 든 아주머니가 손을 흔들고, 한 남자는 창문 안으로 쑥 손을 넣어 악수를 청한다.

낯선 도시에서 이런 일상적인 광경을 볼 때면 당장이라도 짐을 내려놓고 이방인에서 벗어나고 싶은 마음이 간절해진다. 우아하고 장엄한 도시 풍경을 보며 감동하는 것과는 전혀 다른 종류의 감정이다. 여행 계획이든 현실이든 다 잊어버리고 그저 몇 달이라도 낯선 장소에서 사람들과 섞여 부대끼며 살아보고 싶어진다. 그렇게 도시마다 여러 명의 나를 심어 놓는다면 진정한 본질을 찾을 수 있을 것 같았다. 『그리스인 조르바』의 주인공도 자신의 본질을 찾고자 새 사람들과 새로운 생활을 하러 크레타 섬으로 떠나지 않았던가.

불평 많은 승객에게도 기사는 일관되게 친절했다. 숙소 앞에 짐을 내려 준 후, 잠겨 있는 문을 보고 주인을 데려오기도 했으며, 다른 도움이 필요한지 여러 차례 묻고 나서야 자리를 떴다. 그의 세세한 배려에 아침부터 허덕였던 피로가 한순간에 씻겨 내려갔다. 체코 사람은 무뚝뚝한 데다가 친절함은 눈 씻고 찾아봐도 없다는 말을 여러 번 들었다. 운이 좋았던 건지 내가 만난 체코인들은 하나같이 정 많은 사람들이었다. 귀동냥으로 들은 다른 나라 사람들에 대한 편견은 접어두고 가는 편이 여러모로 더 낫다는 결론을 내린다.

체스키크룸로프를 본격적으로 돌아보기 위해 작은 성문, 부데요비츠카 문(Budějovická Brána) 앞에 섰다. 이 도시에 있던 10개의 성문 중 유일하게 남은 문으로 구시가지로 들어가는 입구이자 과거 적의 침략을 방어했던 곳이다. 사람 키의 두 배 정도 되어 보이는 아치형 터널, 황금빛과 선홍빛이 그러데이션된 컬러풀한 성벽, 벽 한가운데 돌고 있는 시곗바늘. 아무리 봐도 이 동화 속에 나올 법한

체스키크룸로프 구시가지
입구에 세워진 부데요비츠카 문.
이 문을 통과하면 그림 같은
체스키크룸로프 마을길에
들어설 수 있다.

성문은 방어용보다는 관상용이 더 적합해 보였다. 전쟁을 위해 이 성문 앞에 도달한 군사들의 마음도 조금은 누그러지지 않았을까? 사기 저하에 효과가 있었을지도 모른다는 싱거운 생각을 하며 성문을 통과한다.

구시가지는 중세 유럽의 풍경을 그대로 보존하고 있었다. 자연 그대로의 돌을 이어 붙인 울퉁불퉁한 길을 걷고 있으면, 강렬한 오렌지 빛의 건물이 나타나고, 그 뒤로 높고 낮은 새하얀 건물이 연달아 나온다. 마리오네트 인형을 줄줄이 매달아 놓은 가게, 낡은 책을 창문 밖까지 쌓아 놓은 서점, 화려한 무늬의 접시로 장식된 기념품점, 색색의 꽃이 장식된 노천 레스토랑을 차례로 지나칠 때는 삽화가 가득한 동화책을 차례로 넘기는 기분이었다. 아늑한 구시가지 골목길을 걷고 있자니 얼마 전에 다녀온 독일의 로텐부르크가 떠올랐다. 그곳 역시 중세의 모습이 그대로 보존된 아름다운 마을이다. 파스텔톤의 동화 같은 집이 일렬로 늘어서 있는 이곳은 독일의 소도시 중 최고라는 찬사를 받고 있다. 하지만 내게는 그다지 정이 가는 도시는 아니었다. 화려함이 조금은 과장된 듯한 마을의 장식과 요란한 상점 쇼윈도는 테마파크의 인위적인 그것과 다를 바 없게 느껴졌다. 그에 반해 체스키크룸로프의 골목은 과거로부터 이어져 온 듯한 세월의 자연스러움이 마을 곳곳에 배어 있다. 16세기의 한 부분을 뭉텅 잘라 그대로 봉인해 놓은 것처럼.

마을을 무턱대고 걷다 보면, 쉬었다 가고 싶은 카페가 하나 둘 나타나기 시작한다.
체스키크룸로프에 가장 잘 어울렸던 아늑한 카페를 발견, 이곳에 잠시 머물렀다.

성에서 본 체스키크룸로프는 동화 속 세상을 그대로 펼쳐 놓은 것 같았다. 마을 전체가 유네스코 문화유산으로 등록될 만큼 역사적으로 가치 있는 곳이기도 하다.

동화 속 마을을 지나 체코에서 두 번째로 큰 성이라는 체스키크룸로프 성에 올랐다. 성 자체의 규모나 외관도 훌륭하지만, 마을 구시가지를 한눈에 볼 수 있는 전망대로도 더할 나위 없이 좋은 곳이다.

개인적으로 꼽은 전망 포인트는 세 곳이다. 눈앞에 펼쳐지는 마을의 풍경을 볼 수 있는 성 초입의 테라스, 시가지가 시원하게 내려다보이는 망토 다리, 스노볼에 담긴 듯한 마을의 모습을 볼 수 있는 성벽 전망대까지, 나름 각각의 포인트가 있

체스키크룸로프 성 안에 있는 흐라데크 탑.
여기서 블타바 강과 마을의 모습을 한눈에 내려다볼 수 있다.

지만 어디에서 보든 체스키크룸로프의 아름다움을 느끼기에는 충분하다.

도시 풍경 중 산과 강이 오롯이 자리한 마을이 가장 아름답고 균형 있게 느껴진다. 풍수지리학적으로도 산천의 생기로 만물이 잘 자란다는 배산임수를 마을의 최상 조건으로 삼지 않는가. 체스키크룸로프는 거기에 딱 들어맞는 도시였다. 산과 숲이 감싸고 있는 마을은 생기가 넘쳐흘렀다. S자를 그리며 도시를 휘어 관통하는 블타바(Vltava) 강, 아담한 붉은 지붕의 가옥들과 적절한 위치에 솟아 있는 세인트 비투스 교회(St. Vitus)는 완벽한 균형을 이루고 있었다.

성까지 돌아보고 나서야 점심 생각이 났다. 늦은 오후였다. 여행 중 끼니 해결은 늘 이런 방식이다. 나처럼 음식에 그다지 비중을 두지 않는 타입은 더욱 그렇다. 에너지를 완전 방전시킨 후, 식사를 할 때만큼 기분 좋은 순간이 없다. 예민해진 몸은 음식물이 식도를 넘어 위로 들어가는 과정을 모두 느낀다. 그럴 때 나는 내 몸이 살아 있음을 새삼 깨닫는다. 그동안 매끼 정해진 시간에 음식을 먹는 것은 사육되는 것과 비슷하다는 생각이 들었다.

'이발사의 다리'에서 본 블타바 강 풍경.
강가를 따라 테라스가 있는 레스토랑이 늘어서 있다.

블타바 강 주변에는 많은 레스토랑이 있었다. 그 중 널찍한 테라스가 달린 레스토랑에 들어갔다. 블타바 강과 체스키 성이 한눈에 보이는 전망 좋은 곳이었다. 식사를 하기에 애매한 시간이라 그런지 식당은 한적했다. 테라스에 앉아 코젤 맥주(Kozel)와 코르동 블루(Cordon Bleu)를 주문했다. 코르동 블루는 치즈와 햄을 얇은 돼지고기로 감싼 후 튀긴 요리로 치즈 돈가스와 유사한데, 식감과 맛은 훨씬 좋다. 일본의 '코돈부르'도 여기서 유래했다. 입맛에 잘 맞아 다른 나라에서도 메뉴에 이 음식이 보이면 종종 주문하곤 했다. 쌉싸름하면서 진한 맛의 코젤 맥주와의 조합도 좋다. 바로 앞에는 힘차게 흘러가는 강줄기, 그리고 이발사의 다리(Lazebnicky Most)가 보인다.

이발사의 다리에 얽힌 이야기를 생각하니 이 다리가 예사롭게 보이지만은 않았다. 정신질환이 있던 루돌프 2세(Rudolph II)의 서자는 체스키크룸로프에 왔다가 이발사의 딸을 보고 반해 결혼을 하게 됐다. 얼마 지나지 않아 딸이 누군가에게 목이 졸려 죽은 채 발견되고, 남편은 아내를 죽인 범인을 찾기 위해 마을 사람을 한 명씩 죽이기 시작한다. 너무나 끔찍한 이 학살을 보다 못한 이발사는 본인이 딸을 죽였다고 거짓자백을 하고, 결국 처형당한다. 이후 그를 추모해 마을사람들이 이 다리를 만들었다고 전해진다. 동화마을에 어울리지 않는 끔찍한 이야기다. 한 명의 광기 어린 권력자가 세상을 망치는 일은 과거나 현재나 한결같이 이어지고 있다.

식사를 마치고 나왔을 때는 어느새 해가 지고 있었다. 구시가지의 중심가인 광장을 지나 발길 닿는 대로 마을을 거닐기 시작했다. 날이 어두워지자 상점 간판과 가로등에는 불이 하나 둘 들어오기 시작한다. 은은하게 빛났던 체스키는 밤이 되자 고요와 적막뿐이었다. 골목의 상점들도 대부분 문을 닫았고, 그 많던 사람들은 온데간데없었다. 꿈속의 동화마을을 거닐다 꿈에서 막 깨어난 것 같았다. 체스키크룸로프의 밤의 낭만도 누군가와 함께였다면 충분히 즐길 수 있었을 것을. 혼자였던 나는 밤의 동화마을을 뒤로하고 도망치듯 숙소로 갈 수밖에 없었다.

체스키크룸로프의 동화 속 같은 거리.
미로 같은 골목길을 걷고 있으면,
시간을 거슬러 올라간 듯한 기분이 든다.

서점 앞에서 항상 발길을 멈추게 된다. 유독 정겹게 느껴졌던
체스키크룸로프의 한 서점. 아늑한 불빛 사이로 책이 넘쳐흐르는 듯하다.

체스키크룸로프에 어둠은 순식간에 찾아온다. 상점은 문을 닫고, 거리에
사람들은 온데간데없이 사라진다. 불 꺼진 동화마을의 밤은 그렇게 시작된다.

체스키크룸로프 가는 방법

체스키크룸로프는 프라하 근교에 있는 작은 도시로, 프라하에서 당일치기로 다녀오기에 좋다. 기차, 버스가 수시로 있지만 가장 보편적인 방법은 스튜던트 에이전시(Student Agency) 버스를 이용하는 것. 버스 시설도 괜찮을 뿐 아니라 저렴한 가격이 장점이다. 프라하 안델 역에 있는 버스터미널에서 출발한다. 약 3시간 소요.

* 프라하에서 체스키까지는 인기 있는 구간인 만큼 미리 홈페이지에서 예약을 하고 가는 것이 좋다. 스튜던트 에이전시 bustickets.studentagency.eu

체스키크룸로프, 느긋하게 걷기

체스키크룸로프는 2~3시간이면 충분히 돌아볼 수 있을 정도로 아담한 마을이다. 하지만 작은 마을이라면 으레 그렇듯, 마음 내키는 대로 느긋하게 걷는 것이 가장 여행하기 좋은 방법이다. 체스키 성과 한두 곳의 관광지를 둘러본 후, 동화 같은 집들이 늘어선 마을을 천천히 거닐어보자. 블타바 강변에 늘어선 레스토랑이나 중앙광장의 카페에 앉아 잠시 쉬었다 가는 것도 좋다.

에곤 실레의 삶을 들여다볼 수 있는 〈에곤 실레 아트센터〉

체스키크룸로프에서 가장 아쉬웠던 것은, 에곤 실레 아트센터에 가지 못한 것이었다. 에곤 실레 어머니의 고향으로 알려진 체스키크룸로프는 실레가 생전에 자주 찾아 그림을 그리기도 했던 곳이다. 아트센터에는 그의 여러 작품들과 삶에 대한 다양한 자료들이 전시되어 있다. 빈에서 그의 작품을 보며, 이곳에 들르지 못한 것이 그렇게 안타까울 수 없었다. 실레의 생을 좀 더 깊이 있게 보고 싶은 사람이라면 꼭 한 번 들러 보길 바란다.

- 주소 Siroka 71, Cesky Krumlov, Czech Republic
- 가는 법 안델 역에서 스튜던트 에이전시 버스를 타고 체스키크룸로프 역에서 하차. 스보로느스타 광장 부근
- 운영시간 10:00~17:00(월 휴무)
- 요금 140코루나
- 홈페이지 www.schieleartcentrum.cz

오스트리아 Austria

할슈타트

부슬부슬 비오는 날, 호수 마을 산책

"도착하자마자 비가 오네요. 이맘때쯤 비가 많이 내리곤 해요."

운전기사는 차에서 캐리어를 꺼내며 말했다. 체스키크룸로프에서 사설 버스를 타고 막 할슈타트(Hallstatt)에 도착했을 무렵이었다(버스라고 해봤자 작은 승합차 정도다). 여행 내내 날씨 운 하나는 끝내 주게 좋다고 자부했건만 부슬부슬 내리는 비를 보니 난감해졌다. 여행 20일 만에 처음 보는 비였다.

할슈타트는 거대한 빙하호가 바로 앞에 있고, 뒤로는 알프스 산이 첩첩이 둘러싸인 작은 마을이다. 오스트리아를 여행하는 사람들이라면 안 들르고는 못 배기는, 꿈에나 나올 법한 아름다운 마을로 이름을 알린 지 오래다. 한 해 100만 명이 넘는 관광객들이 이곳을 끊임없이 찾고 있다. 오죽하면 중국에서 이 할슈타트를 통째로 복제해 자기 땅에 옮겨 놓았을까. (광둥성에 있다는 이 마을을 찾아보니, 진품의 아우라에 한참 못 미치는 수준이었다.)

할슈타트의 그림 같은 풍경.
이 사진 하나로 많은 여행자들은
이곳을 '꿈속의 그곳'으로 품고
떠나고 싶어 한다.

몇 년 전, 우연히 한 다큐멘터리를 보고 할슈타트의 존재에 대해 처음 알게 됐다. 담당 PD와 현지인은 작은 조각배를 타고 천천히 호수를 가로질렀다. 찰박찰박 노 젓는 소리 외에는 아무것도 들리지 않았고, 짙푸른 호수가 텔레비전 화면을 가득 채웠다. 호수면의 동화 같은 집들이 물결에 따라 흔들렸다. 현실에 없는 환상 속 세상 같았다. 이런 곳에서 며칠간 머물 수 있다면, 머리와 가슴속에 찌들었던 모든 것들이 말끔히 씻겨 나갈 것 같았다. 하루하루 일에 치여, 거의 반송장으로 살았을 때쯤이었을 것이다.

그리고 드디어 이곳을 여행하기로 결정했을 때, 해야 할 일들을 메모했다.

1. 사람이 거의 없을 새벽 무렵, 물안개가 피어오른 호숫가를 산책하고, 오후에는 산비탈에 자리 잡은 아름다운 마을을 마음 내키는 대로 돌아다니기
2. 해가 질 때쯤 호수 가운데서 모터보트 타기(햇빛이 강한 편이니, 조금 비싸더라도 차양이 있는 보트로 빌리자!)
3. 저녁에는 호수가 한눈에 보이는 레스토랑 테라스에서 따뜻한 오스트리아 전통 수프와 슈니첼 먹기

하지만 이 야심찬 계획과 낭만은 무참히 내리는 비에 참혹하게 무너지고 말았다.

호숫가 옆, 산 위에 차곡차곡 지어진 목조 가옥은
할슈타트의 소중한 자산이자, 여행자들이 가장
머물고 싶어 하는 곳이다. 테라스에서 볼 수 있는
호수 비경은 이곳에 머무는 사람들의 감탄을 자아낸다.

여기서 머물 곳은 호수에서 좀 떨어진 한 펜션이었다. 할슈타트에서 명당이라면 당연히 호수 주변의 집들이다. 할슈타트 호를 둘러싼 산 위에 계단식으로 차곡차곡 서 있는 나무 가옥들은 동화 속에서 막 튀어나온 것처럼 산뜻하다. 무엇보다 테라스에서 바로 앞에 펼쳐지는 호수의 비경이 기가 막힐 정도로 아름답기에 숙박 경쟁 또한 치열하다. 일찍 일어나는 새가 벌레를 잡는다는 말은 여행 중에도 어김없이 적용된다. 느지막이 여유를 부리다 보니 남은 것은 호수 주변의 헉 소리 날 만큼 비싼 집들, 또는 호수에서 떨어진 곳들뿐이었다.

펜션 입구에는 환영인사라도 하듯 골든레트리버가 순한 눈을 내게 두고 꼬리를 흔들고 있었다. 카운터는 텅 비어 있었다. 가방을 끌고 들어오는 사이 할머니와 젊은 여자가 나왔다. 가족이 운영하는 펜션이라고 했다. 그 얘기를 듣자 실내가 더 아늑하고 포근해 보인다. 체크인 시간보다 2시간 정도 일찍 도착해 내심 걱정이 되기도 했는데, 그도 그럴 것이 체크인 시간을 칼처럼 엄수하는 숙소가 꽤 많기 때문이다. 특히 지금은 비까지 쏟아지고 있는 긴급 상황 아닌가.

"밖에 비가 와서 그런데 조금 일찍 방에 들어갈 수 있나요?"

"그럼요! 아직 준비가 안 됐으니, 20분 정도 기다리시겠어요?"

네, 얼마든지요. 안도의 한숨이 절로 나왔다.

정돈된 방에 들어와서는 비가 그치기를 기다렸다. 하지만 1시간, 2시간, 시간이 흐르면서 빗줄기는 더욱 굵어졌다. 덜컹덜컹. 창문이 흔들릴 정도의 바람까지. 하지만 이 아까운 시간을 방 안에서 버리기에는 속이 쓰렸다. 시한부 여행자에게 비상상황이 아닌 이상, 가만히 앉아 있는 것은 사치다. 한 손에는 우산, 다른 손엔 카메라를 들고 씩씩하게 길을 나섰다.

호수까지 가는 길은 유독 한가했다. 개미 한 마리도 보이지 않는 작은 길에 목조 집들이 드문드문 보였고, 너른 정원 안을 화려하게 장식하고 있는 꽃줄기는 물기를 머금으며 한결 더 진한 빛을 내뿜고 있었다. 15분 정도 걷자 호수에 다다른다. 날카로운 빗줄기가 잔잔한 호수 수면을 거칠게 뚫고 들어갔다. 호수 건너편, 알프스 산 봉우리에는 희뿌연 물안개가 첩첩이 쌓여 있었다. 풍경을 감상하기에 좋은 조건은 아니지만, 나름대로 운치가 있었다. 아니, 맑은 날에는 결코 볼 수 없을 신비로운 풍경이었다.

호수를 따라가면 할슈타트의 번화가에 속하는 마을로 들어갈 수 있다. 왼쪽에는 목조 가옥과 상점이, 오른쪽에는 시원한 호수 풍경이 펼쳐진다. 이 거리 역시 한산했다. 원래 할슈타트의 대낮은 관광객으로 인산인해를 이룬다나 뭐라나. 이렇게 한가로이 산책할 수 있는 것도 비 오는 덕을 보고 있는 셈 친다. 그 순간, 들리는 익숙한 말소리.

"아이고, 웬 비가 이렇게 온대~"

한국인 관광객들이었다. 단체로 비옷을 맞춰 입고, 우르르 골목에서 쏟

1 호수 한가운데에 보트를 타고 가보고 싶었지만, 비가 오는 바람에 무산됐다. 하지만 보트를 꼭 타지 않아도 좋다. 이곳에서 바라보는 풍경만으로도 충분하다.

2 담장을 통해 들여다본 집의 정원은 따스하고 평화로웠다. 저곳에 머물며 느릿느릿 하루를 보냈으면…….

아져 나오고 있었다. 익숙한 언어와 '하하', '호호' 시끌벅적한 소리가 빗소리에 섞였다.

할슈타트는 유독 한국 사람들이 많이 찾는 곳이라고 했다. 덕분에 기념품 가게, 관광지 안내판 등 마을 곳곳에서 한국어를 심심치 않게 발견할 수 있었다. 고대 역사박물관 옆 계단에는 11개 나라의 단어가 차례로 적혀 있는데, '시간 여행'이라는 한글은 유독 눈에 띈다. 'time travel', 'voyage dans le temps', '时光追忆'……. 다른 언어들이 입 밖으로 흩어지는 것 같다면 시간 여행은 꼭꼭 씹어서 내 안으로 들여놓아 품고 싶을 만큼 곱다. 팔은 안으로 굽는다지만, 객관적으로 봐도 그렇다. 왜 하필이면 많은 말 중 시간 여행이라는 단어를 여기에 새겼을까. 고대박물관이 과거로 가는 길임을 강조하는 뜻이 먼저겠지만, 도시 자체에 깃든 뜻 같기도 했다. 할슈타트에 이만큼 어울리는 단어도 없었다. 시간이 아주 천천히 흘러가는 곳.

마을 깊숙이 들어가 보니, 다양한 소품을 파는 상점들이 하나 둘씩 눈에 들어온다. 자수를 놓은 테이블보, 철재를 오려 용접한 후 색을 입혀 탄생한 동물 모형, 나무를 깎아 만든 섬세한 조각들.

'소금 도시'란 명성답게 기념품 중 가장 눈에 띄는 것은 소금이었다. 할슈타트는 세계 최초의 소금광산이 있었던 곳으로, 소금이 귀했던 시대에는 소금 덕분에 부를 축적하기도 했다. 할슈타트의 'hal'은 고대 켈트어로 '소금(salt)'이라는 뜻을 갖고 있다고 하니, 마을의 역사가 소금과 긴밀한 관계가 있는 것이 자명해 보인다. 마을 뒤편, 가파른 산 쪽으로 케이블카가 오르는 것이 보였다. 7천 년의 역사가 있다는 소금광산으로 올라가는 길이었다. 너무나도 생소한 소금광산이지만 전해지는 이야기를 들으면 놀라울 것도 없다. 빙하기 이전, 바다였던 이 지역은 후에 바닷물

이 빠져나가면서 소금만 남게 되었다는 것이다. 지형상 바다를 접하기 힘든 동유럽에서는 소금이 금보다 귀했으리라. 이 소금 광산이 얼마나 귀한 대접을 받았을지 짐작이 갔다.

마을 중간에는 한 케밥집이 있었다. 허기가 질 무렵이라 여기서 늦은 점심을 해결하기로 했다. 그곳에는 중학생 정도로 보이는 학생 열댓 명이 모여 있었다. 비좁은 간이 테이블에 앉아 몸이 비에 젖든 말든 순식간에 케밥을 먹어 치우고서는, 비를 흠뻑 맞은 채 호숫가를 뛰어다니며 짓궂은 장난을 치는 데 열중한다. 3시간 남짓 마을을 돌았을까. 어느새 내 몸은 쫄딱 젖어 있었다. 그럼에도 이상하게 기분이 상쾌했다. 원래 비 맞는 것을 끔찍이도 싫어해 비가 오면 문을 꽁꽁 닫은 후 모든 약속을 취소하고 집에서 꼼짝도 하지 않는 나 아닌가. 그런데 할슈타트를 다녀오고 난 뒤 비가 오면 집 밖으로 나가고 싶어진다. 안개에 둘러싸인 신비한 할슈타트 호수, 비에 젖어 찬란하게 빛났던 마을, 비를 가르며 생기 있게 뛰어다니던 아이들을 봤을 때 느꼈던 설렘과 상쾌함이 함께 떠오르면서……. (할슈타트 여행 후, 감기약을 며칠 동안 먹으며 아슬아슬하게 여행을 해야 했다. 비도, 낭만도 좋지만 역시 여행 중에는 건강이 제일이다.)

할슈타트 가는 방법

- 오스트리아를 여행할 경우 빈—잘츠부르크—잘츠카머구트(할슈타트, 장크트길겐) 순으로 동선을 짜는 경우가 많다. 이 동선을 기준으로 잘츠부르크에서 할슈타트까지는 포스트 버스(Post bus)를 이용하는 것이 가장 무난하다. 3번 정도 갈아타야 하는 번거로움이 있지만, 버스를 타고 가며 보이는 아름다운 시골풍경을 생각하면 감수할 만하다. 약 3시간 소요.

* 잘츠부르크 중앙역(Salzburg Hbf)에서 150번 – 바트이슐 역(Bad Ischl Bahnhof)에서 542번 – 할슈타트 고사우뮤흘 역(Gosaumuhle)에서 543번 – 할슈타트 Lahn

- 빈(빈 서역: Westbahnhof)에서는 기차를 타는 게 시간 절약을 위해 가장 좋다. 단, 할슈타트까지의 직행은 하루 한 대만 운영되며, 기차역에서 마을까지는 유람선을 타고 들어가야 한다. 약 3~4시간 소요.
- 체코와 오스트리아를 함께 여행하는 경우라면 체스키크룸로프에서 할슈타트로 이동하는 것이 보편적이다. 짐이나 환승해야 하는 부담 등 여러 상황을 고려해 보면 사설 셔틀버스가 가장 편하다. 약 3~4시간 소요. 요금 1,100코루나.

* 오스트리아 철도청, 예약 및 시간 확인 www.oebb.at

* 사설 셔틀버스: 세바스찬 www.sebastianck-tours.com / 로보봉고 www.shuttlelobo.cz

할슈타트의 숙소를 잡을 때, 부지런함은 필수

할슈타트 호수를 둘러싼 산에는 아름다운 숙소들이 즐비하다. 이 아름다운 가옥 풍경을 눈앞에서 보는 것만으로도 황홀하겠지만, 하룻밤 머무르며 테라스에서 아름다운 호수 풍경을 보는 것은 할슈타트에서 해 보고 싶은 일 중 하나였다. '할슈타트의 숙소는 무조건 예약해 두는 것이 좋다'는 여행 경험자들의 말을 들은 터, 일찍부터 치열한 숙소 잡기 준비에 나섰다. 내가 생각한 조건은 두 가지, 호숫가 바로 앞에 위치해야 할 것, 적당한 금액의 B&B일 것!

홈페이지를 뒤적이며 마음에 드는 몇 곳을 찾아 이메일을 보냈지만 돌아오는 대답은 하나같이 '죄송하지만, 남은 방이 없습니다'라는 말뿐이었다. 성수기도 아니었을뿐더러 무려 2개월 전인데도 말이다. 결국 남아 있는 집이라곤 아주 비싼 방, 아니면 호수에서 떨어진 곳뿐이었다. 이 작은 마을의 아름다운 가옥에서 최상의 뷰를 보기 위해서는 과하게 부지런하고 치밀해야 함을 뒤늦게야 깨달았다.

* 할슈타트 관광 홈페이지에서 유형별 숙소를 한눈에 볼 수 있다
www.hallstatt.net/accommodation

할슈타트의 하이라이트, 새벽 그리고 밤

할슈타트에서 3일간 머무는 동안, 이 아름다운 마을에서도 참을 수 없을 만큼 괴로운 것이 있었으니 바로 북적이는 관광객들이었다. 인기 관광지답게 다양한 국적의 사람들이 매일같이 엄청나게 몰려 왔다. 워낙 사람들에게 치이는 걸 좋아하지 않을뿐더러, 바글바글한 사람들을 보니 할슈타트의 아름다움까지 반감되는 것 같았다. 반면 할슈타트에서 오래 머물렀기에 볼 수 있던 풍경들도 있었다. 이른 새벽, 호숫가에 홀로 나갔을 때 아름다운 풍경을 배경으로 피어오르는 환상적인 물안개를 마주했고, 밤늦은 시각, 까만 밤하늘에는 별 무리가 촘촘히 무수하게 박혀 있었다. 눈앞으로 쏟아질 것처럼. 시간이 있다면 할슈타트에서 하룻밤 머무르라고 권하고 싶다. 그냥 스쳐가는 사람들은 볼 수 없는 할슈타트의 매력을 발견할 수 있기에.

할슈타트의 소금광산

할슈타트 마을의 소금광산은 세계에서 가장 오래된 암염 광산이다. 이곳에 직접 들어가 보고 체험해 볼 수 있다는 사실! 마을 뒤편에 있는 케이블카를 타고 광산에 올라가면 가이드의 인솔에 따라 안을 둘러볼 수 있다. 동굴 안에서 암염을 채굴했던 흔적과 소금 호수, 소금광산의 역사를 설명해 놓은 영상 등도 있다. 이곳에서의 하이라이트는 기다란 미끄럼틀을 타고 내려오는 슬라이딩 체험이다. 광산 내에 미끄럼틀을 타고 내려와야 하는 코스가 두 곳 있는데, 길이가 긴 편에다 경사도 만만치 않아 스릴 있는 체험을 할 수 있다. 소금광산에 대해서는 호불호가 갈리는 편이니 시간이 없거나 내키지 않는다면, 케이블카를 타고 올라가 할슈타트의 풍경만 보고 내려오는 것도 좋다. 소금광산은 4~9월까지 개방하며, 광산 안은 여름에도 서늘한 편이므로 겉옷 준비는 필수다.

- 주소 Salzbergstraße 14830 Hallstatt
- 운영시간 04.12.~09.14. Tour: 09:30~04:30, 케이블카: 09:00~18:00
  09.15.~11.02. Tour: 09:30~15:00, 케이블카: 09:00~16:30
- 요금 26유로
- 홈페이지 www.salzwelten.at/en/hallstatt

다섯손가락(5fingers) 위에서 본 지구 풍경

"오늘 산 위에 눈이 쌓였어요."

매표소 직원은 고개를 저으며 말했다. 전혀 예측하지 못한 일이었다. 9월 중순이었다. 게다가 이렇게 해가 눈부시게 내리쬐는데 눈이라니! 어제 종일 잘츠카머구트(Salzkammergut)를 적신 비는 '다흐슈타인(Dachstein)' 산을 때 이른 설산으로 만들었다.

"보니까 부츠도 신지 않고, 옷도 얇게 입은 것 같은데…… 산 위는 영하 3도까지 기온이 내려갔어요. 제 생각엔 안 가는 게 좋을 것 같아요."

직원은 내 옷차림을 위아래로 훑으며 미심쩍은 표정으로 계속해서 고개를 저었

다흐슈타인 산에 발을 들여놓자 장엄한 설산이 눈앞에 펼쳐진다. 안개로 자욱한 그 길을 누군가가 지나갔던 흔적을 훑으며 앞으로 그저 나아갈 수밖에 없었다. 홀로 걷는 그 길이 당연하다고 느껴지는 것은 왜였을까.

다. 화창한 날만 믿고 얇은 점퍼만 대강 걸치고 나온 상태였다. 게다가 어제 내린 비에 채 마르지 않은 운동화까지……. 그래도 이대로 되돌아갈 수는 없지 않은가. 다시 할슈타트로 돌아가 봤자 딱히 할 수 있는 것도 없었다.

"괜찮아요. 그냥 올라갈게요."

어쩔 수 없다는 듯 표를 건네준 직원은 잠시 기다리라는 말을 한 후 부스 안에서 등산용 점퍼 한 벌을 꺼내 왔다.

"아마 이게 꼭 필요할 거예요."

고마운 마음으로 기꺼이 옷을 받아 들었다. 옷 안까지 밴 텁텁한 담배 냄새가 코를 찔렀지만 그래도 없는 것보다는 나을 테니…….

고도 3,800m의 다흐슈타인 산은 알프스 산맥 중에서도 고산지에 속한다. 산 자체의 웅장함은 이루 말할 것 없거니와, 이곳 정상에서 보는 할슈타트 호와 마을 풍경은 아름답기로 유명하다. 문화유산으로까지 지정되어 있는 경관이니 오죽할까. 게다가 이곳에서만 할 수 있는 얼음동굴, 파이브핑거스 전망대, 패러글라이딩 같은 각종 체험들은 관광객의 호기심을 발동시키기에 충분해 보였다. 만약 할슈타트에서 하루 머물기로 결심했다면, 다흐슈타인 산에 가는 것을 적극 추천한다. 안타깝게도 지금의 할슈타트는 관광객들로 북적이는, 다소 상업적인 관광지가 되어버렸다. 그러므로 내가 추천하는 최적의 코스는 관광객이 없는 새벽과 오전, 또는 저녁에 할슈타트를 둘러보고 낮에는 다흐슈타인 산을 다녀오는 것.

우선은 가장 가 보고 싶었던 파이브핑거스(5Fingers) 전망대에 오르기로 했다. 전망대까지는 케이블카를 타고 가야 했는데, 대부분의 사람들은 아래에 있는 얼음동굴을 먼저 본 후 전망대에 오르는 모양이었다. 남들과 다른 코스를 택한 덕분에 케이블카를 홀로 독차지하며 그림 같은 풍경을 마음껏 감상할 수 있었으니, 이

것도 운이라면 운이다. 케이블카 창밖으로는 화창한 날에 어울리는 짙푸른 산림이 끝없이 이어지고 있었다. 어느 순간부터는 창에 하얀 김이 어리기 시작한다. 그리고 곧바로 펼쳐지는 설원의 풍경. 계절이 순식간에 눈앞에서 흘러간다.

정류장에 내려 다흐슈타인 산으로 향하는 문을 열었을 때는 헉 소리가 절로 나왔다. 매표소 직원의 걱정은 새삼스러운 것이 아니었다. 정말 '아무것도' 보이지 않았다. 사람도, 산도, 나무도, 전망대도, 그 어떤 것도. 사방이 온통 눈과 안개에 뒤덮여 있었다. 눈 위에 한 발을 내딛자, 찬 공기가 온몸으로 스며든다. 어쩔 수 없이 직원이 준 점퍼를 껴입었다. 이정표를 보니 전망대까지는 30분가량 걸어야 한다고 적혀 있다. 싸한 공기를 깊게 들이마시니 평소 없던 배짱이 생긴다.

눈 위에 희미하게 남아 있는 발자국을 이정표 삼아 겨우 걷기 시작했다. 점점 더 짙어지는 안개를 보며, 걱정이 스쳤지만 그것도 잠시였다. 길을 잃지 않기 위해 귀를 바짝 세웠을 때 들리는 소리가 마음을 차분하게 만들어준다. 인기척 하나 없는 정적 가운데 들리는 휘휘 차가운 바람 소리, 바삭하며 들려오는 얼음 떨어지는 소리들. 어찌나 생생하게 들리는지 귓속을 기분 좋게 간질였다.

딱 한 번 이와 비슷한 느낌을 받은 적이 있다. 템플스테이 체험을 하기 위해 지방의 한 절에 내려간 적이 있었다. 교통이 마비될 정도로 전국적인 폭설이 내리던 날이었다. 그곳에서 머문 3일 내내 눈이 내렸다. 새벽 4시, 스님의 목탁 소리에 일어나 아침 예불을 드리고, 오후에는 뒷산에 오르거나 절 안을 산책했다. 저녁 9시면 어김없이 잠자리에 들었는데, 불을 끄고 누우면 그 어떤 소리도 들리지 않았다. 서울의 꼭두새벽보다도 조용한 밤이 낯설어 혹여나 무슨 소리가 날까 귀를 기울이다 보면 저절로 잠이 들었다. 마지막 날, 어쩐 일인지 목탁 소리가 들리기 전에 눈을 떴다. 밖에서 작은 소리가 들렸다. 창호 문을 여니 함박눈이 쏟아지고 있었다. 처마 위에, 돌담 위에, 마당 위에, 옹기종기 모여 있는 항아리 위에, 그리고 마루 끄트머리까지. 아무도 깨지 않은 새벽, 사르륵 눈이 쌓이는 소리였다.

얼마나 걸었을까. 반대편에 사람 실루엣이 보였다. 반가운 마음에 발걸음을 빨리했다.

"Hello!"

활달한 목소리로 인사를 건네는 그녀는 체구가 자그마한 동양인이었다.

"혹시, 한국인이세요?"

그녀의 말이 어찌나 반갑던지.

"네, 파이브핑거스 보고 오는 길이신가 봐요? 어때요, 그쪽은?"

"저쪽 풍경 장난 아니에요! 진짜 너무 좋아요! 근데 걸어가는 게 좀 힘들었어요. 전 몇 번 넘어졌다니까요. 하하."

우리는 약속이나 한 듯 서로의 신발을 봤다. 그녀의 신발은 등산화. 그녀는 내 허름한 운동화를 보더니 '어쩌려고 이리 무모한 등산을!' 하는 표정이다.

"조심하셔야겠는데요."

그녀는 염려스러운 표정과 함께 가 보면 절대 후회하지 않을 거라는 격려의 말을 보탠다. 반대편으로 걷는 그녀의 모습은 안개 뒤로 금세 지워졌다. 사람의 온기가 잠깐 스쳐갔을 뿐인데도, 힘이 불끈 솟았다. 게다가 시간이 갈수록 안개도 점차 옅어지고 있었다. 안개 사이로 언뜻 보이는 설산의 풍경은 혼자 보기 아까울 정도로 근사했다.

파이브핑거스 전망대에 도착했을 때, 이곳에 왜 이런 이름이 붙었는지 단번에 알 수 있었다. 다섯 개의 기다란 철 난간이 절벽 밖으로 아슬아슬하게 튀어나와 있었다. 5개 난간은 액자, 다이빙, 함정, 아래가 훤히 내려다보이는 투명판, 망원경

파이브핑거스,
세상에서 가장 기발하면서
짜릿한 전망대가 아닐까.

눈으로 보고도 믿지 못할 풍경이었다.
거짓말처럼 바람이 불며 두터운 구름을 흩어 놓고
할슈타트의 아름다운 풍경을 보여주었다.

같은 각각의 주제를 갖고 있었다. 정상에서 풍경을 색다르게 즐길 수 있는 멋진 아이디어다. 용기를 내어 얼음이 선 미끈한 철판을 가로질러 가 봤지만 한 번 넘어질 뻔한 후로는 포기하고 만다. 안개와 구름이 워낙 두껍게 끼어 있어 그 멋지다는 전망도 볼 수 없을 지경이었다. 한참을 기다리다 포기하며 돌아서려던 찰나, 바람이 불며 안개가 흩어지기 시작하더니 기적처럼 할슈타트 호수의 아름다운 풍경이 모습을 드러내기 시작했다.

호수를 둘러싸고 있는 할슈타트와 오버트라운(Obertraun) 지역도 한눈에 들어왔는데, 이제 막 짜 넣은 물감을 듬뿍 묻혀 그린 것처럼 선명했다. 눈이 부시도록 밝은 초원과 장난감 같은 알록달록한 집들, 짙푸른 빛의 호수…… 우주에서 바라본 지구가 이런 느낌일 것이다. 특히 호수는 지구의 푸른색과 숨 막힐 정도로 꼭 닮아 있었다. 안개와 바람이 잔잔한 호수 위를 스쳐 지나가고, 태양 빛에 따라 초록 물결이 일렁였다. 이때의 감동을 어떤 말로 표현할 수 있을까. 혹여나 잊을까 눈으로 담고 또 담는 수밖에 없었다.

산에서 내려와 다시 할슈타트에 도착했을 때에야 이른 아침 말고는 하루 종일 아무것도 먹지 않았다는 것을 깨달았다. 그걸 자각하자마자 뱃속은 아우성치기 시작한다. 할슈타트에는 유명한 푸드트럭 'Hondl Braron'이 있다. 그곳에 가니 한국어로 된 메뉴가 적혀 있고, 주인은 센스 있게도 간단한 한국어를 할 줄 알았다.

"토옹닥 방마뤄(통닭 반 마리)?" "감솨함미다."

관광객들로 북적이는 곳에서 벗어나 걸신들린 듯 통닭과 맥주를 먹으니 세상을 다 가진 듯한 기분이었다. 먹는 동안 할슈타트의 전원 풍경은 눈에 들어오지 않았고, 다흐슈타인의 감동도 어느새 까맣게 잊고 있었다. 자연에 대한 경외와 감동도 일단 본능을 해결한 다음이라니, 종전의 극찬이 머쓱해지는 순간이다.

두 시간 동안의 황홀한 설산 탐험의 끝은
산장 레스토랑이었다. 따뜻한 차 한 잔으로
몸을 녹이고, 테라스에서 다시 한 번
다흐슈타인 산을 바라본다.

다흐슈타인 산 가는 방법

할슈타트 선착장 앞 정류장에서 543번 버스를 타고 종점에서 하차한다. 15분 내외 소요. 같은 543번이라도 방향이 다른 버스가 있을 수 있으니 미리 버스 시간표를 확인하고 탑승하자. 숙소나 인포메이션에서 버스 시간표를 받을 수 있다.

다흐슈타인 산 코스 소개

다흐슈타인 산은 오스트리아 알프스 산맥의 일부로, 할슈타트의 아름다운 전원 풍경을 볼 수 있는 전망대로 유명할 뿐 아니라 여러 체험을 할 수 있는 것이 특징이다. 산에 오르기 위해서는 케이블카를 타야 하는데, 총 3개의 정류장에서 정차를 하고 층마다 다른 코너가 마련되어 있다(홈페이지 www.dachstein-salzkammergut.com/en/dachstein 참조).

● 첫 번째 정류장

- 얼음동굴(Ice Cave): 외부에서 스며든 물이 동굴 안 차가운 공기와 만나면서 얼음 동굴이 형성되었다. 9m 길이로 형성된 고드름도 있으며, 시간이 맞으면 아이스 콘서트도 관람할 수 있다. 투어 50분 소요.
- 맘모스동굴(Mammut Cave): 세계에서 가장 큰 카르스트 동굴 중 하나로 거대한 복도에 있는 바위 카테드랄이 인상적이다. 투어 50분 소요.

● 두 번째 정류장

- 파이브핑거스(5fingers): 5개의 테마별 난간에서 근사한 할슈타트 호 풍경을 볼 수 있는 스릴 만점 전망대다.
- 이외에도 시원하게 펼쳐진 전망을 360도로 볼 수 있는 Welterbe Spirale, 거대한 철 상어의 몸통 안에서 전망을 볼 수 있는 Dachstein Shark가 있다. 케이블카 입구 근처에 있는 산장 레스토랑에서 가볍게 차 한 잔을 마시는 것도 추천한다.

● 세 번째 정류장

걸어서 하이킹할 수 있는 코스다. 다흐슈타인 산의 초원에서 환상적인 풍경을 볼 수 있다.

오스트리아 Austria

잘츠부르크

모차르트 흔적 따라 중세 골목 탐방

황금으로 칠한 부츠, 쇠로 엮어 모양을 낸 우산, 금빛 새 부리에 매달려 있는 황금 열쇠, 그리고 전통 의상을 입은 인형 한 쌍. 건물에 매달린 간판들은 모진 비바람을 견디고 나무 덩굴 끝에서 살아남은 싱싱한 열매 같았다.

이곳은 그 유명한 잘츠부르크(Salzburg)의 게트라이데 거리(Getreide Gasse). 지극히 평범한 이 거리는 중세시대 '입체 그림 간판'의 활약으로 관광객들이 북적이는 명소가 됐다. 문맹인이 많았던 과거, 대부분의 상점에서는 그곳을 대표하는 물건을 그림으로 그려 간판을 내걸었다. 컬러풀하고, 네모반듯한 문자 간판이 다닥다닥 붙어 있는 모습에 익숙한 내게 이곳의 간판은 하나의 예술 작품으로 보였다. 천천히 거리를 걸으며 간판 모양을 하나하나 눈으로 짚고선 어떤 상점인지 유추하기 시작했다. 한눈에 알아볼 수 있는 우산과 열쇠, 구두 등의 간판은 비교적 쉬운 '난이도 하'에 속했다. 크리스마스 장식 같은 뾰족한 별 모양 간판이나 붉은 빛 태양의 모양을 본뜬 간판은 정체를 알아채기 어려웠다. 여기서는 일반 상점뿐 아니라 명품을 비롯한 다국적 브랜드도 간판에서만큼은 철저히 규칙을 지키고 있

게트라이데 거리를 지나면 유독 눈에 띄는 노란집이 있다.
모차르트가 17세 때까지 실제로 살았던 모차르트의 생가.
그의 흔적이 고스란히 남아 있는 집안을 거닐고 있다 보면
그의 음악에 대한 열정이 시간을 거슬러 전해지는 듯하다.

었다. 맥도날드는 상징인 붉은색 간판을 버렸다. 그리고 사자와 독수리 상으로 장식된 금빛 철제의 'm' 자를 조심스레 걸어 놓았다. 혹여나 이 거리의 전통을 해칠까 봐 걱정하는 듯. 이것은 오스트리아의 오랜 전통을 지키기 위한 정부의 강력한 제재 덕분일 것이다. 점점 예전의 것이 사라지며 정체성마저 잃어가고 있는 우리나라를 생각했을 때, 몇 백 년 전의 것들을 일상에서 흔하게 접할 수 있는 유럽의 모습은 여행 내내 내가 가장 부러워했던 것 중 하나였다.

게트라이데 거리를 지나자, 6층 높이의 노란색 건물 앞에 수십 명의 사람들이 모여 사진을 찍고 있는 것이 보였다. 모차르트의 생가였다. 잘츠부르크에서는 모차르트를 빼놓고는 이야기를 할 수 없다. 실제로 모차르트는 17세 때까지 이 집에서 자랐다고 했다. 그 후 미라벨 궁전 근처의 집으로 이사해 8년간을 더 살았으니, 청춘의 대부분을 이곳 잘츠부르크에서 보낸 셈이다. 여름마다 수많은 관광객을 끌어들이는 음악 축제인 '잘츠부르크 페스티벌'도 '모차르트가 자랐던 도시'에서부터 시작된 것이다.

잘츠부르크에서는 어딜 가든지 모차르트의 얼굴을 볼 수 있었다. 한 기념품 가게는 모차르트의 얼굴로 도배가 되어 있었다. 모차르트 향수, 모차르트 엽서, 모차르트 열쇠고리, 모차르트 인형, 모차르트 수첩, 모차르트, 모차르트……! 그중 관건은 모차르트의 형태를 한 오리 인형이었다. 모차르트의 머리를 한 오리 수십 마리가 보란듯 진열대에 일렬종대로 전시되어 있었는데, 모차르트를 조롱하기 위함이 아닐까 싶을 정도로 우스꽝스러워 보였다. 자신의 얼굴로 도배된 도시의 모습을 실제로 모차르트가 본다면 어떤 생각을 할까.

시간 여행을 주제로 한 영국 드라마에서 반 고흐가 현재로 오게 되는 이야기가 나온다. 시간 여행자는 고흐를 파리 오르세 미술관으로 데려간다. 고흐의 전용 작품관이 있는 곳이다. 고흐는 전시실에 걸려 있는 자신의 그림과 많은 관람객들을 보고 할 말을 잃고, 큐레이터의 말에 눈물을 흘리고 만다.

"반 고흐는 최고의 화가 중에서도 으뜸이죠. 틀림없이 가장 유명하고, 역사상 가장 위대하며 가장 사랑받는 화가일 겁니다."

시간 여행자가 모차르트를 잘츠부르크에 데려온다면 어떤 상황이 올까. 그 시대부터 천재로 인정받고 칭송받았던 모차르트는 왠지 이런 과한 도시의 치장에 냉담한 반응을 보일 것만 같았다.

모차르트의 생가에는 모차르트 35년 인생의 대부분이 담겨 있었다. 모차르트가 직접 연주했던 바이올린과 건반악기, 모차르트 가족의 초상화, 아버지와 주고받은 편지들, 그가 썼던 가구들, 심지어 은빛 머리카락 뭉치까지. 특히 모차르트가 직접 그린 악보를 코앞에서 보는 것은 감격스럽기까지 했다. 전시관을 다 돌았을 때, 기다렸다는 듯 기념품점이 나타났다. 이곳에서 모차르트의 얼굴이 없는 기념품을 고르고 고른 끝에 작지만 정교한 바이올린 마그네틱을 구입했다.

게트라이데 거리 끝을 벗어나자 또 다른 화려한 세상이 펼쳐졌다. 오스트리아 전통 의상을 입은 남녀, 그리고 일렬로 서 있는 마차와 말, 대장장이와 묘기 수준의 액션으로 그림을 그리는 화가들, 하늘로 치솟은 거대한 놀이기구. 그야말로 축제였다. 도시 분위기는 들떠 있었다. 하늘이 어스름해질 무렵이었다. 조명에 번뜩이는 놀이기구와 가판들이 낮에 봤던 단정한 게트라이데의 간판과 대조적이었다. 잘차흐(Salzach) 강 위에 있는 마카르트 다리(Makartsteg)에 올랐다. 밤의 푸른 기운이 가로등 빛에 가라앉으면서 잘차흐 강에 그대로 빨려 들어가는 것처럼 보였다. 모차르트도 한적한 밤중, 이 다리 위에서 나와 같은 풍경을 봤을 것 같았다.

1 잘츠부르크의 축제는 화려하다. 관광객을 태운 수많은 마차, 형형색색의 놀이기구, 전통 의상을 입은 오스트리아 여인들. 이날, 작은 잿빛의 도시는 화려하고 반짝이는 도시로 변모한다.

2 캔버스에 스프레이를 뿌린다. 그리고 작은 막대로 선을 몇 개 긋고 나면 기가 막힌 그림 완성. 몰려든 관광객들은 그를 둘러싸고 박수를 치며 환호한다. 이때, 호객꾼이 나서서 말한다. '자, 그럼 이 그림을 사실 분 계신가요?' 침묵 속에 멋쩍은 듯 서 있는 사람들이 슬금슬금 뒤로 물러난다.

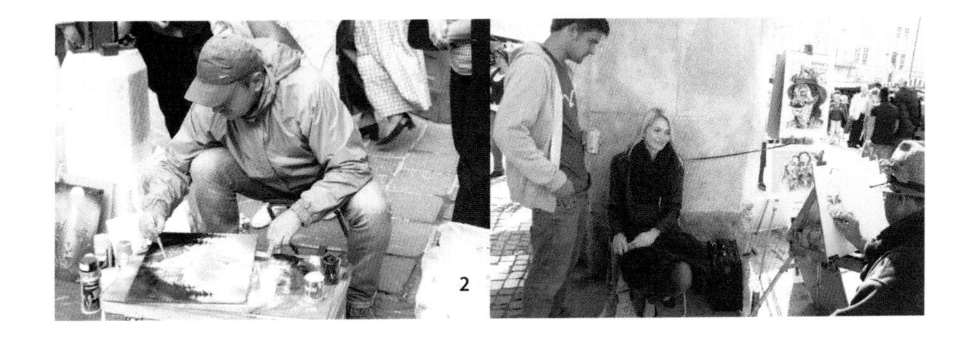

축제 속 한 가판대에서는 모차르트 초콜릿을 팔고 있었다. 잘츠부르크에 오면 모차르트 초콜릿만큼은 꼭 한번 먹어 봐야 한다는 누군가의 말이 떠올랐다. 맛만 보자 하는 심정으로 딱 2개를 손에 쥐었다. 동그란 초콜릿의 금박 포장지에도 어김없이 모차르트의 얼굴이 새겨져 있었다. 화려한 모차르트 그림이 무색하게 초

호엔 잘츠부르크 성에 올라서 본
잘츠부르크의 아름다운 풍경.
다른 유럽 도시들에 비해
단정하고 정갈하다.

콜릿 맛은 형편없었다. 굳이 비교하자면 밸런타인데이에 화려한 포장 안에 들어 있는 싸구려 초콜릿과 비슷했다. 초콜릿의 금박 포장지를 구겨서 버리는 게 왠지 마음에 걸려 모차르트의 얼굴이 보이게 네모 반듯하게 접어 가방 안에 넣었다. 그게 모차르트 도시에서 할 수 있는 모차르트에 대한 최소한의 예의 같았다.

잘츠부르크 가는 방법

- 보통 할슈타트에서 빈으로 가는 도중에 잘츠부르크에 들르거나, 빈에서 당일치기로 다녀오는 경우가 많다. 할슈타트에서 잘츠부르크까지 가려면 포스트버스를 타고 가는 게 가장 무난하다. 약 3시간 소요(잘츠부르크-할슈타트 가는 방법 p.42 참조).
- 빈에서 잘츠부르크까지는 열차로 약 2시간 30분 소요.
- 잘츠부르크는 오스트리아 도시보다 독일과 더 가까워 독일에서 당일치기로 다녀오기도 좋다. 뮌헨에서 열차로 약 2시간 소요.

* 독일 열차 예매 www.bahn.de

영화 〈사운드 오브 뮤직〉의 흔적 따라 여행하기

영화 〈사운드 오브 뮤직〉의 한 장면. 마리아와 아이들이 아름다운 정원에서 힘차게 손을 저어가며 부르던 '도레미 송'을 기억하는지? 영화를 보면서 마리아와 아이들의 이야기에 감동을 느끼며 경외의 눈으로 봤던 것 중 하나는 아름다운 오스트리아의 풍경이었다. 이 영화의 대부분은 잘츠부르크와 인근 지역에서 촬영된 것이다. 도레미 송을 불렀던 곳으로 유명한 '미라벨 궁전과 정원', 첫째 딸 리즐이 아버지 몰래 남자친구를 만나 사랑의 노래를 부르던 장소인 '헬부른 궁전', 마리아가 수녀로 지냈던 '논베르크 베네딕투스 수도원' 등이 잘츠부르크에 있다. 영화에 나오는 촬영지 위주로 돌아보고 싶다면, 투어 프로그램에 참여하는 것도 좋다. 잘츠부르크 인근에 있는 '레오폴츠크론성'(폰 트랩 대령의 집), 마리아의 결혼식 장면을 찍은 '몬제의 성당'까지 모두 둘러볼 수 있다. 파노라마투어(Salzburg Panorama Tours)가 유명하다. 투어 비용 40유로.

* 파노라마 투어 www.panoramatours.com

음악을 사랑하는 사람이라면, 잘츠부르크 페스티벌!

2012년, 우리나라의 한 영화사에서 잘츠부르크의 페스티벌을 생중계했다. 이 프로그램은 전석 매진을 기록할 정도로 열기가 뜨거웠다. 잘츠부르크 페스티벌은 비단 우리나라뿐 아니라, 전 세계 음악을 사랑하는 사람이라면 누구든 한 번쯤 보고 싶어 하는 세계 정상의 음악회다. 한 달의 페스티벌 기간에는 오페라부터 시작해, 오케스트라 공연, 연극까지 다양한 공연이 수시로 열리며, 이 순간만큼은 음악의 도시로 변모한다.

제대로 잘츠부르크를 경험하고 싶다면, 여름 축제 기간인 7~8월에 방문해 보자. 이외에도 겨울 페스티벌, 성령강림절 축제 등이 있다.

* 잘츠부르크 페스티벌 www.salzburgerfestspiele.at

루마니아 Romania
시기쇼아라

시간이 멈춘 도시, 언덕 위 요새 마을 방문기

시기쇼아라(Sighisoara)로 향하는 기차 안, 복도 창밖으로 낯익은 얼굴이 보였다. 아이(Ai)였다. 여기서 또 만나다니! 일본인 아이는 루마니아를 여행하는 도중에 본 유일한 동양인이었다. 게다가 이번이 세 번째 만남이다. 브라쇼브(Brasov)행 야간열차 안에서 처음 만난 우리는 브란성에서 두 번째로 우연히 마주쳤고, 루마니아 전통식당에서 '2인 이상'만 시킬 수 있는 점심을 배터지게 먹은 후 별다른 기약 없이 헤어졌다. 그리고 이곳에서 다시 만나게 된 것이다. 둘 중 하나였다. 루마니아가 정말 좁거나 아니면 정말 남다른 인연이거나.

"시기쇼아라까지는 아직 3km나 남았어!"

복도에 짐을 꺼내 놓고 반갑게 서로의 안부를 묻고 있을 때, 덩치가 큰 루마니아인이 우리를 향해 외쳤다. 그의 말대로였다. 표에 적힌 시간이 지났는데도 기차의 속도는 전혀 줄어들 기미가 보이지 않았다. 그는 사람 좋은 미소와 함께 호기심 어린 얼굴을 한 채 우리 옆에 섰다.

"어디에서 왔어요?"

"한국에서요."

남자는 내 말에 어깨를 한 번 으쓱하더니, 이번에는 아이에게 물었다.

"당신도 한국인이에요?"

"아니요, 전 일본인이에요."

"아! 일본!"

반가운 기색이 역력했다.

"도쿄, 교토 그리고 그곳 어디지? 사슴이 많은 곳 있잖아요! 그래, 나라! 나도 가봤거든요. 정말 좋았어요!"

두 사람은 일본의 여러 도시에 대해 화기애애하게 대화를 이어나갔고, 나는 그 틈에 끼어들 수 없었다. 새 여행지에 들떠 있던 기분이 조금씩 가라앉기 시작했다.

달구지가 달리는 모습은 루마니아에서 흔히 볼 수 있는 풍경 중 하나였다. 엉성하게 엮은 나무 달구지는 아슬아슬한데도 잘만 달린다. 루마니아 여행은 흡사 과거를 여행하는 것과 같았다.

시기쇼아라 역사 지구로 가기 위해서는
아치형 돌문을 여러 번 지나야 했다.
하나씩 하나씩 시간의 경계를 넘는다.

칠이 벗겨진 낡은 지붕, 삐뚤게 들쭉날쭉 솟은 집, 듬성듬성 보이는 나무와 숲. 그 어떤 휘황찬란한 도시보다 마음에 와 닿는 루마니아의 풍경. 루마니아 사람들의 고단하면서도 평화로운 삶과 도시의 풍경이 겹친다.

낯선 사람들이 한국에 대해 보이는 관심과 호감을 즐기고 있을 무렵이었다. 나라 위상이나 인지도 같은 것을 이성적으로 따질 겨를은 없었다. 한일전 축구에서 졌을 때 느꼈던 패배감과 비슷했다. 그렇다고 억지로 그들의 대화에 동참하고 싶지도 않았다. 내가 할 수 있는 것이라곤 창밖을 보며 기차의 속도가 잦아들기만을 기다리는 것뿐이었다.

시기쇼아라 역사(歷史) 지구. 사람들은 바로 이 작은 마을을 거닐기 위해 시기쇼아라를 찾는다. 전체 면적의 1/10 정도밖에 안 되는 이곳은 중세도시의 모습을 그대로 간직하며 도시의 언덕 꼭대기에 자리 잡고 있다. 견고한 성벽으로 둘러싸인 채. 그래서 같은 도시임에도 언덕 위와 아래는 명확히 선이 그어져 있는 것처럼 보인다. 그것은 지리적인 경계이기도, 시간의 경계이기도 했다. 언덕 꼭대기 중세도시 대(對) 지상의 현대도시로.

마을 입구에는 시계탑이 있었다. 울퉁불퉁한 돌길 위에 비스듬하게 서 있었는데, 뾰족한 첨탑, 녹색과 적색이 오묘하게 섞인 지붕, 뭉툭한 탑의 몸체는 앨리스의 이상한 나라에나 있을 법한 모습이었다. 마침 시계탑 안에서는 낡은 인형이 툭 튀어나와 빙빙 돌고 있었다.

시계탑의 꼭대기에 올라가자 언덕 아래 마을이 한눈에 들어왔다. 마을을 오롯이 감싸는 짙푸른 녹음, 그 아래로 칠이 벗겨져 검붉은 빛을 띤 지붕이 늘어서 있었다. 이 모습은 내가 상상했던 루마니아와 거의 일치했다. 애초에 기대했던 드라큘라 성 '브란 성'보다는 이곳이 더 드라큘라 마을에 잘 어울렸다. 그러고 보니 루마니아 영웅이자 소설 드라큘라의 모델, 블레드 체페슈(Vlad Tepes)는 1431년에 이곳에서 태어나 4년간 살았다. 그리고 탑 근처에는 그가 태어났던 생가가 있다고 했다. 안타깝게도 지금은 '카사 드라큘라(Casa Dracula)'라는 이름의 레스토랑으로 운영되고 있다. 게다가 '음식이 무척 맛없다'는 악평이 자자하다.

"어, 도쿄다!"

루마니아다운 풍경에 감탄하고 있던 나는 아이의 말에 시선을 돌렸다. 아이는 테라스의 나무 난간을 손가락으로 가리키고 있었다. 난간에 붙어 있는 금색 표지판에는 세계 유명 도시의 이름과 그곳까지의 거리가 얼마나 되는지 적혀 있었다. 모스크바, 프라하, 빈 그리고 도쿄까지. 그녀는 도쿄를 손가락으로 짚고 있었다. 2연패!
시계탑을 내려왔을 때, 여기저기서 일본어가 들렸다. 일본 관광객들이 단체로 몰려와 탑 앞에서 기념사진을 찍고 있었다.

반면 마을 안쪽은 인적이 드문 편이었다. 한 골목으로 들어서자 왁자지껄했던 소리도 잦아들었다. 아이와 나는 마을을 무작정 걸어보기로 했다. 단순히 '아름다운 동화마을' 정도로 설명할 수 없는 무언가가 이곳에 있다고 생각했기 때문이다. 크고 작은 자갈이 깔려 있는 바닥 옆에는 수많은 색을 가진 가옥들이 빼곡히 들어차 있었다. 파스텔 분홍, 살구색이 섞인 주황, 형광빛이 도는 연두, 상아빛에 가까운 개나리색. 색깔이 겹치는 집이 단 한 곳도 없는 데다가, 그 빛깔마저 깊고 고왔다.

"마을이 꽃밭 같다. 내가 본 도시 중 가장 화사한 곳이야!"

아이의 말에 나도 동의했다. 창문과 뜰에는 꽃이 흐드러지게 피어 있었다. 집마다 널려 있는 빨래는 해바라기가 말라가듯 바싹 말라 있었다. 거기에서 꽃내음이 나는 듯했다.

이곳은 13세기, 잠시 트란실바니아(루마니아 중서부 지역)를 지배했던 독일의 기술자들과 상인들이 세웠던 도시다. 이런 마을을 만들어낸 것을 보면 그들의 감성과 예술적 감각이 남달랐을 것이란 생각이 든다. 그에 반해 회색빛, 무채색 건물이 대부분인 현대 도시는 너무 삭막하지 않은가. 도시에 색을 더한다면, 한결 너그러운 마음으로, 좀 더 위안받으며 살 수 있을 텐데.

산상교회(Church on the Hill)는 마을의 가장 높은 곳에 있었다. 그곳에 가기 위해서는 175개나 되는 목조 계단을 올라야 했다. 관광객은 우리 둘뿐이었다. 매표

성벽 안에 오롯이 자리한 시기쇼아라 마을.
과거의 색임이 믿기지 않을 만큼 선명하고 찬란하다.

마을 입구에 위치한 시계탑.
지금은 박물관 및 전망대로 쓰이고 있으며,
이곳에서 보는 시기쇼아라의
풍경이 무척 아름답다.

그들의 시간은 나와는 다르게 흐른다.
남자가 낚고 있는 것은 무엇일까.
시간에 쫓겨 기차역으로 발걸음을 바삐하고 있을 무렵,
문득 그의 여유가 부러웠던 순간.
성 트레일 교회 앞.

원은 티켓을 내어 주며 어느 나라 사람인지 먼저 물었다. 일본인이라는 아이의 대답에 곧바로 교회 역사가 적힌 안내지가 들려 나왔다. 나는 거의 자포자기한 심정으로 한국인이라고 말했다. 매표원은 "코리아?"라고 되묻고선, 수북이 쌓여 있는 종이를 뒤적이기 시작했다. '……어라? 있어?' 그리고 한참 후에, 한국어로 채워진 종이를 받았다. 어두컴컴한 교회 안을 둘러보다가 기다란 나무 의자에 앉아, 글을 읽기 시작했다. 루마니아 끝자락에 있는 교회 역사를 한국어로 접한다는 것 자체가 감격이었다. 마지막 단락에는 이 안내지를 만든 것에 대한 사연이 간략하게 적혀 있었다. 2012년에 한국인 부부가 루마니아의 이 교회를 찾았는데, 한국어로 된 설명이 없는 것에 불편함을 느끼고 곧바로 번역을 해 보내 왔다고 한다. 그들의 정성이 대단하다고 생각되면서 하루 종일 열등감에 빠져 있던 내가 왠지 한심하게 여겨졌다.

아이와는 시기쇼아라 여행이 마지막이었다. 우리는 메일 주소를 주고받았지만 그 후 따로 연락을 하지는 않았다. 그녀는 헝가리로 향했고, 나는 루마니아에 남았다. 우리는 세계를 반대 반향으로 돌았다. 하지만 이 여행이 끝나 있을 무렵, 나는 그녀를 어디에선가 다시 한 번 마주칠 것만 같았다. 기차 안에서 우연히 마주쳤던 그 순간처럼.

시기쇼아라 가는 방법

- 루마니아의 도시 중 교통이 가장 발달된 브라쇼브를 기점으로 해 시기쇼아라로 이동하는 것이 가장 편한 방법이다. 거리도 가까워 당일치기로 여행하기에 좋다. 열차로 2시간 30분 정도 소요. 단, 열차가 2~3시간 간격으로 드물게 있는 편이라 시간을 잘 계산해 표를 끊어야 한다.
- 루마니아 수도인 부쿠레슈티에서는 열차로 약 4~5시간 정도 소요.

* **한국에서 루마니아로 가려면**
인천에서 루마니아까지 가는 직항은 없으며, 아시아나항공 및 외항사에서 1회 경유로 수도인 부쿠레슈티(București)까지 운항한다. 약 18시간 소요.

루마니아 전통요리 '사르말레'

점심 무렵, 시기쇼아라 구시가지 한 레스토랑에 들어갔을 때였다. 30분 정도의 긴 기다림 끝에 테이블 위에 오른 것은 내가 주문했던 살몬(Salmon)이 아니었다. 양배추로 고이 싼 만두 크기만 한 요리 위에는 하얀 크림소스가 뿌려져 있었고, 그 옆에는 옥수수 덤플링(Dumpling) 두 덩어리가 놓여 있었다. 사르말레(Sarmale)라는 음식이었다.
한입 맛을 보니 나쁘지 않다. 두 입 맛을 볼 때는 '오, 생각보다 맛있다!'. 사르말레는 다진 돼지고기를 양배추 또는 포도 잎으로 싼 후 쪄서 만든 루마니아 전통 요리다. 놀랍게도 배추김치와 굉장히 맛이 흡사했다. 우리나라 음식에 비교하자면 백김치로 싼 만두 정도 되겠다. 루마니아에서는 우리나라 김치만큼이나 흔한 요리라고 하니 꼭 한번 먹어볼 것을 권한다. 그리고 또 하나, 루마니아에서 내가 반한 음식은 다름 아닌 빵이었다(빵보다 밥을 선호하는 전형적인 한식 입맛을 가졌음에도). 역, 슈퍼마켓, 베이커리 어느 곳에서 사도 실패 확률 0%였다. 루마니아 거리를 돌아다니다 보면 파란 간판의 'gigi'라는 베이커리 전문점을 흔히 볼 수 있는데, 사람들이 매번 북적거리는 인기 있는 곳이니 발견하면 무조건 줄을 서자.

그리스 Greece

이드라

예술가들이 사랑한 이드라 섬에서 쉬엄쉬엄

이드라(Hydra) 섬에 도착한 것은 밤 10시가 넘어서였다. 미코노스에서 이드라까지 이동하는 시간만 한나절이 걸렸다. 배 밖으로 몸을 내밀었을 때 온몸이 가시 돋친 듯 쑤셨다. 깊은 어둠에 잠겨 있을 것만 같았던 항구의 밤은 생각 외로 무척 화려했다. 작은 배들이 빽빽하게 정박되어 있는 아담한 항구 앞에 섰다. 선박에서 내뿜는 푸른빛과 붉은빛이 교차하며 물 위로 내려앉았고, 바다는 오로라 빛을 머금은 것처럼 반짝반짝 빛났다. 항구 앞 좁은 길은 노천 레스토랑의 테이블로 가득 차 있었는데, 몇몇 테이블은 배가 코앞에 닿을 정도로 바다 쪽으로 툭 튀어나와 있었다. 많은 관광객들이 그곳에 앉아 맥주를 들이켜며 이야기를 나누고 있었다. 달가닥 잔 부딪히는 소리와 낯선 언어는 비트 있는 음악처럼 경쾌했다. 하루의 피곤함을 한 번에 날려버릴 정도의 활력이 바다로, 골목으로 빛을 타고 퍼지고 있었다.

수많은 아름다운 그리스의 섬 중(그리스에는 전체 6천 개가 넘는 섬이 있으며, 그중 약 230개의 섬에만 사람이 살고 있다) 부족한 일정 때문에 두 곳의 섬을 택할 수밖에 없었는데, 그중 한 곳이 '이드라 섬'이었다. 이드라는 여러모로 마음에 쏙 드는 곳이었는데, 섬 중에서는 비교적 아테네에서 가까워 이동하기에 편하다는 점, 그다지 잘 알려지지 않은 섬이라는 점, 그리고 '아무것도 하지 않고, 한가로이 지낼 수 있는' 한적한 어촌 마을이라는 점에 끌렸다.

이드라는 전형적인 작은 항구 마을이었다. 후에 통영에 갔을 때 이드라와 비슷하다는 느낌이 들었다. 수많은 배들이 빽빽하게 정박된 작은 부두 앞 길은 5분 정도 걸으면 그 끝에 닿을 정도로 짧았는데, 이곳이 이 마을의 중심지였다. 섬마을이 으레 그렇듯, 이곳 역시 높고 낮은 언덕을 기반으로 작은 골목이 거미줄처럼 이어진 구조여서 마땅히 사람들이 모일 만한 너른 곳이 없기 때문이다. 덕분에 부두 앞길을 지날 때마다 수시로 바뀌는 마을의 표정을 볼 수 있었다.

항구 앞 노천 레스토랑에 상주하는 한 남자는 매일 아침 유쾌한 목소리로 내게 인사를 건네곤 했다.

"hello, J. 오늘은 어디 가는 거야?"

나는 딱히 대꾸하지 않은 채 대강 손을 흔들며 그 앞을 지나치곤 했다. 하루는 이곳에서 나이든 사람 여러 명이 모여 거대한 돌판을 다듬고 있었다. 뭘 만드는지 알 수는 없었지만, 항구를 뒤로하고 땀을 흘리며 열중하는 그들의 모습이 돌을 다루는 예술가들처럼 보였다. 하루 동안 이곳을 몇 번이나 지나가며 그들의 모습을 관찰했는데, 별다른 것은 없었다. 그저 계속 돌을 다듬기만 할 뿐이었다. 쾅쾅, 망치로 돌을 내리치는 소리가 하루 종일 부둣가를 가득 메웠다.

또 다른 날에는 페스티벌이 열리고 있었다. 페스티벌이라고 해 봤자, 대여섯 살

많은 도시에서 고양이를 봤지만,
이드라에서만큼 나긋나긋한 고양이를 본 적이 없었다.
가만히 있으면 몸을 부비며 안긴다. 고양이를그다지 반기지 않는
나조차도 나중에는 그들을 위한 빵 조각을 챙겨 다니곤 했다.

어린아이부터 교복을 입은 중·고등학생까지 차례로 악기를 연주하며 걷는 행렬 정도였다. 소박했지만 눈앞에서 그들의 일생이 필름처럼 흘러가는 것 같아 가슴 한쪽이 찡해졌다. 아무 일도 없는 오후의 어느 날에는 항구에 거대한 배가 들어섰다. 내가 이드라 섬에 들어올 때 탔던 배다. 배가 멈춰 서자 이곳을 찾는 사람들이 와르르 쏟아져 내렸고, 그만큼의 사람이 밀물처럼 빠져나갔다.

나는 이곳에서 3일간 머물며 그 어떤 곳에서보다 한적하고 여유로운 시간을 보냈다. 내게는 특별했던 이 작은 섬에서 겪은 평범한 일화 몇 가지를 소개한다. 누군가 이 섬을 찾아, 그 여유와 평화를 비슷하게나마 맛보기를 바라며…….

당나귀를 타다

이곳에서 가장 먼저 사람들의 눈길을 사로잡는 것은 부둣가에 모여 있는 나귀다. 이드라는 자동차 통행이 금지된 섬이다. 그래서 이곳 사람들은 이동수단으로 당나귀를 십분 활용한다. 여기 머무는 동안 수십 마리의 당나귀를 봤는데, 하나같이 야채나 옷가지 같은 짐을 한가득 싣고 있었다. 이드라가 다른 섬과 다르다고

이드라 나귀의 삶은 고단해 보였다. 등에 자기 몸만큼 쌓인 짐은 무겁고 힘겨워 보였다.
이곳에서는 나귀가 생존을 위한 수단이었고, 짐은 나귀에게 주어진 몫이었다.

느낀 것은 이 당나귀 때문이었다. 세련된 미코노스와 다르게 투박하고 거친 시골 마을임을 당나귀를 볼 때마다 새삼 깨닫게 되는 것이었다. 사람들을 태우기 위한 '관광객용 나귀'도 있는데 부둣가를 걷다 보면 나귀 몇 마리를 끌고 다니는 장사꾼과 흥정할 수 있다. 보통 15유로 정도면 섬 한 바퀴를 돌 수 있고, 말만 잘하면 깎아 주기도 한단다. 하지만 왠지 나귀를 타는 것이 내키지 않아 나는 매번 그냥 지나치곤 했다.

한 번은 언덕길을 홀로 걸어가는데 한 남자가 당나귀를 끌고 오는 게 보였다. 밀짚모자, 허름한 가죽조끼, 걷어 올린 바지. 차림새를 보니 이드라 토박이임이 분명했다. 남자의 나귀는 부둣가 나귀와 달랐다. 더 투박하고, 더 고단해 보였고, 더 야생적이었다. 나귀가 내 옆을 지나칠 무렵 남자는 갑자기 멈추더니 손가락으로 나를 한 번 가리키고선 당나귀를 등을 가리켰다. 당혹스러웠다. "혹시, 저…… 타라고요?"(나 역시 손가락으로 표현했다.) 그가 고개를 끄덕였다. 무데뽀로 타라니. 나는 뭐에 홀린 양 나귀 위에 올라탔다. 순식간이었다. 낯선 사람이 위에 올라탄 걸 알아채고 나귀가 제멋대로 걷기 시작했다.

"우악!"

비명에 가까운 소리를 지르며 내가 안장을 꽉 붙든 사이, 남자는 어느새 내 카메라를 들고 내 모습을 찍기 시작했다. 작동법을 잘 몰라 내게 사용법까지 물어가면서. 내가 오케이를 할 때까지 충분히 사진을 찍고 난 후, 남자는 나를 다시 나귀에서 내려줬다. 그리고 아무 일 없었다는 듯이 제 갈 길을 가기 시작했다. 멍하니 그 모습을 보다가, 나중에야 이것이 이드라 사람의 나름 살가운 호의라는 걸 깨달았다.

아지트를 발견하다

이드라에 머무는 동안 가장 큰 소득은 전망 좋은 아지트를 발견한 것이었다. 부둣가에서 바다를 따라 조금 걷다 보면 산으로 들어서는 가파른 길이 나온다. 바로 그 길목에 바다를 볼 수 있는 전망대가 있었다. 바다 쪽으로 볼록 튀어나온 그곳에는 벤치 몇 개가 놓여 있었고, 거기 앉으면 바다 바로 위 난간에 발을 올려놓을 수도 있었다. 이드라는 우아하게 곡선을 그리며 쏙 들어와 있는 면을 중심으로 양쪽의 높은 섬지대가 포근하게 감싸안은 초승달 모양의 섬이다. 그래서 이 전망대에서는 맞은편 섬과 마을을 한눈에 볼 수 있었다. 선명한 황색의 대지와 그 위

로 띄엄띄엄 서 있는 집들을 보고 있자면 눈과 마음이 절로 편안해진다.

나는 여러 번 이곳을 찾았다. 오전에 항구 근처를 서성이다가, 근처에 있는 빵집에 들러 갓 구운 빵을 한 아름 들고 와 이곳에서 오후를 보내곤 했다. 시원한 바닷바람을 마시며 눈앞에서 펼쳐지는 새파란 지중해의 물결, 그리고 바다 사이로 들락날락하는 배들의 모습을 눈으로 찬찬히 쫓았다. 전망대 아래쪽에는 바위더미가 솟아 있어 종종 다이빙하는 무리들을 볼 수 있었다. 첨벙하는 소리가 들려 아래를 보면 어느새 바다 중간까지 둥둥 떠 있는 사람의 모습을 볼 수 있었다. 섬 구경에 한참 시간을 보낸 후에는 빵을 먹으며 책을 읽거나 글을 썼다. 옆 벤치에 앉은 사람들과 '어디서 왔느냐', '여기서 며칠 동안 있을 거니?'라는 상투적인 이야기를 나누는 것도 즐거웠다. 몇 마리의 고양이가 모여들면 빵 조각을 내어주며 장난을 치기도 했다(이드라만큼 사람에게 친근하게 구는 고양이들을 보지 못했다). 특별한 것을 하지 않음에도 두세 시간은 훌쩍 지나가니, 시간이 흐르는 것이 아까울 지경이었다.

이드라만의 '이국적인 올레길' 탐방

아지트에서 점심을 해결하고 난 후에는 풍차가 있는 언덕길에 올랐다. 그러면 붉은빛을 띤 섬의 토질이 드러나는데, 그곳부터 이드라만의 '이국적인 올레길'이 시작된다. 길은 섬의 옆구리를 따라 한 바퀴를 돌 수 있도록 되어 있고, 걷는 것은 대략 1~2시간 정도면 충분하다. 길의 왼쪽에는 섬의 산등성이가, 오른쪽으로는 푸른 바다의 향연이 펼쳐진다. 해가 넘어갈 무렵이 되면 길 끝에 태양이 걸려 있어 마치 붉은 원시의 땅을 밟고 있는 것처럼 느껴지기도 한다.

이 올레길 코스의 유일한 단점은 산 중턱에 있는 레스토랑을 거쳐 가야 하는 것이었다. 길은 레스토랑의 테라스로 이어졌다. 보통 아담하고 소박한 곳이 많아서, 누군가 식사라도 하고 있으면, 옆을 지나가는 게 상당히 민망할 때가 많다. 그렇다고 매번 "식사하는데 죄송합니다. 실례하겠습니다" 할 수도 없는 노릇이고. 그저 종종걸음으로 최대한 빨리 빠져나가는 수밖에. 그렇게 몇 개의 레스토랑을 통과하면 항구 쪽보다 훨씬 더 조용한 어촌마을, 카미니(Kamini)가 나온다.

카미니의 해변가에 도착하니 마을 사람들 열댓 명이 모여 있는 것이 보였다. 가까이서 보니 나무 조각배를 장정 10명이 붙어서 뭍으로 끌어올리고 있었다. 배가 어찌나 무거운지 한 번 끄는 데 올라오는 면적은 별 차이가 없어 보였다. 끝이 나지 않을 것 같은 그 작업을 뒤로하고 마을 골목에 들어서니 한적함을 넘어선 썰렁한 기운이 감돈다. 사람 한 명 찾기 힘들 정도로 인적이 드문 데다가 보이는 것이라고는 띄엄띄엄 떨어진 낡은 집들과 말뿐. 겁이 나서 되돌아가려던 차, 한 아주머니가 집에서 나와 말을 걸었다. 그것도 그리스어로. 서로 손짓 발짓으로 겨우 대화를 이어나갔는데 아주머니는 내가 길을 잃은 줄 알고, 수상택시를 불러주겠다며 전화를 하려 했고, 나는 온갖 제스처를 써 가며 한참을 말려야 했다. 이드라 사람들의 친절은 돌직구에 돌발 상황의 연속이었다. 물론, 따뜻함과 배려가 전제되었다는 하에 말이다.

걷고, 또 걸었다.
붉은 흙길은 이드라 섬의 진짜 모습이다.

이드라의 아이들이 투닥거리며 낚싯줄을 바다에 던진다.
남자들은 나룻배를 뭍으로 끌어올린다.
종일 부두를 두리번거리면 이드라 사람들의 삶을 엿볼 수 있다.

항구 쪽에는 도시에나 있을 법한 세련된 상점이 몇 곳 있었다. 나는 아지트로 가기 전 눈요기를 하기 위해 이곳에 들르곤 했다. 그야말로 개성 있고 독특한 소품들의 집합소였기 때문인데, 기발한 소품에 한눈에 반해 감탄사를 연신 외치

고 있을 때, 가게 주인은 이드라에서 작업하는 젊은 예술가들의 솜씨라고 설명했다. 알고 보니 이드라는 '예술가들이 영감을 얻는 섬'으로도 유명한 곳이었다. 캐나다 가수 레너드 코헨(Leonard Cohen), 현대 미술의 거장 야니스 쿠넬리스(Jannis Kounellis) 등 많은 예술가들이 이곳에서 영감을 얻었고, 이드라를 배경으로 한 책과 영화도 꽤 많은 편이다.

이드라는 여러 개의 얼굴을 갖고 있었다.
그중 내가 가장 좋아했던 모습은 바위섬에
마을이 얽혀 있는 풍경이었다.

어포스톨은 이 기념품 가게에서 나오는 도중에 만난 예술가였다. 하얀 셔츠를 걸친 백발이 무성한 이 할아버지는 오랫동안 알던 사이처럼 자연스럽게 "반나절 동안 수영을 하고 집에 가는 길"이라며 말을 걸었다. 그는 그림을 그리는 사람으로, 2년 전 한 프로젝트를 맡아 이곳에 정착해 일을 하고 있다고 했다. 그의 하루 일과는 무척 단순했다. 그림을 그리고, 남는 시간에는 지중해 바다에서 수영을 하는 것이다(이 대목에서 부러움이 샘솟았다). 내가 한국 사람이라는 것을 알았을 때, 그가 제일 먼저 꺼낸 얘기는 박찬욱 감독의 영화 〈올드보이〉였다.

"그 영화가 무척 인상적이었어요. 박(Park)은 내가 좋아하는 감독 중 한 명이에요."

여행 중 낯선 사람을 만날 때, 한국인이라고 하면 공식처럼 딸려 나오는 주제가 몇 가지 있다. '수도는 서울이죠?'(내가 당신네 수도를 안다고! 어때? 하는 것처럼) 또는 '삼성과 엘지가 한국 기업 맞죠?'(한국 기업이라고 아는 것만 해도 어딘가), '북한은 어떤가요? 위험하다고 생각하지 않나요?'(어떻게 그곳에서 안심하고 살 수 있을까 우려 섞인 투로), '강남스타일, 싸이, yeah!'(한창 강남스타일 붐이 일었을 무렵) 그런데 한국 영화라니, 신선했다. 이 한마디에 평범한 화가에서 세계 문화 예술에 조예가 깊은 노신사로 이미지가 확 바뀐다. 문화 예술만큼 나라의 인지도나 이미지를 향상시키는 데 좋은 것이 없다는 것을 몸소 느끼는 중이었다.

반면, 조금 충격적인 이야기도 있었다.

"과거 한국과 일본은 중국에 속해 있는 나라가 아니었나요?"

세 아시아 국가가 '중국'이라는 한 나라였지만, 후에 따로 떨어져 나와 한국과 일본이 된 것이 아니냐는 이야기였다. 평범한 서양인이 아시아의 역사에 대해 제대로 알 리 없을뿐더러, 아시아인은 모두 똑같아 보인다니 그런 생각을 할 만도

하다. 그럼에도 평소 콩알만 한 내 애국심은 이런 비상상황에서 100배 이상 부풀어 오른다. 부족한 역사 지식과 영어를 총동원해 한민족에 대해 설명을 이어나가니 그는 고개를 주억거렸다. 그가 충분히 이해했을지는 미지수다.

그는 이드라의 반쪽 주민답게 섬 구석구석을 꿰고 있었다. 그리고 해가 질 무렵 석양이 가장 아름다운 곳이 있다고 했다. 그곳은 이드라를 아는 사람만이 찾을 수 있는 장소였다. 가파르고 좁은 골목길을 따라 올라가자 언덕 꼭대기의 평탄한 땅이 보였다. 군데군데 시커먼 말똥들이 퍼져 있었고, 한쪽 마구간에는 한 남자가 말 서너 마리를 줄에 메고 있었다. 좁은 땅 한가운데에 있는 뾰족한 바위 끝에 섰을 때, 감탄사가 절로 나왔다. 이곳은 파노라마로 섬 전경을 볼 수 있는 곳이었다. 마치 피라미드 꼭대기 위에 서 있는 것 같았다. 바위 끝에서 360도로 천천히 돌아보니 섬의 항구부터 마을, 올레길까지 모든 것이 한눈에 들어왔다. 때마침 조용한 어촌 마을은 해가 저물기 시작했다. 노을빛을 듬뿍 품은 지중해가 보였고, 하얗고 조용한 마을은 불타면서 시끌벅적해지는 느낌이었다. 해가 지는 반대방향에 있는 항구 마을에서는 조명이 하나둘씩 들어오며 밤을 맞을 준비를 하고 있었다. 부지런한 여행자들은 그 조명이 있는 노천 레스토랑으로 벌써 한둘씩 모여 앉아 맥주를 마시며 화려한 불꽃 태양 쇼를 구경하고 있었다. 나는 이 평화롭고 아름다운 풍경을 보려고 이곳에 온 것이었다. 예술적인 감각이라곤 눈곱만큼도 없는 나지만, 지금만큼은 가질 수 있을 만한 모든 감성이 가슴속에 한꺼번에 몰아쳤다. 이 보석 같은 섬이 예술가들을 유혹하는 것은 지극히 자연스러운 일이라는 생각이 들었다.

이드라 가는 방법

- 이드라는 아테네와 비교적 가까운 섬으로 아테네를 여행할 때 당일치기로 다녀오기 좋은 곳이다. 피레우스(Pireus) 항구에서 이드라까지 하루에 3~4회 페리가 운행된다. 피레우스 항구 내에는 1~12gate가 있는데, 이드라행은 E8~10에서 출발한다. 약 1시간 30분 소요.
- 아테네 공항에서 바로 피레우스 항구로 가려면 X96번 버스를 타면 된다. 1시간 30분 소요.

* 페리 예약 사이트 Hellenic Seaways(www.hellenicseaways.gr)
Danae Travel Bureau(www.danae.gr/ferries-Greece.asp)

* **한국에서 그리스로 가려면**
인천에서 그리스까지 가는 직항은 없으나 대부분의 항공사에서 1회 경유로 아테네(Athenae)까지 운항한다. 약 16시간 소요.

열악했던 이드라 숙소

모든 것이 마음에 들었던 이드라에서의 불만은 단 한 가지, 머물 곳이 마땅치 않다는 점이었다. 작은 섬인지라 숙소의 수가 적은 것은 그렇다 하더라도 비싼 가격은 놀라웠다. 가장 저렴한 숙소가 50유로선이었는데(미코노스의 환상적인 호텔과 비슷한 정도) 시설은 모텔만 못했다. 비좁은 방에는 침대와 소형 티비가 있었고, 욕실은 허름하고 비좁았다. 쉴 새 없이 바람이 불어대는 어떤 날에는 테라스에서 들려오는 꽹과리 비슷한 소리에 잠을 잘 수가 없었고, 누군가가 피운 담배 연기가 복도에서 방으로 스며들기도 했다. 항구에서 가깝고, 주인 내외가 무척 친절했던 게 그나마 위안이 되었을 정도니, 누군가가 '이드라에 가면 어디에서 머물러야 하죠?'란 질문을 한다면 대략 난감할 것 같다.

이드라 골목 레스토랑에서 미토스 맥주와 칼라마리를!

이드라에 도착한 첫날, 숙소 주인은 저녁 먹기 좋은 곳으로 바로 앞 작은 레스토랑을 추천해 줬다. 두세 명이 지나갈 만한 좁은 골목에 오롯이 자리한 허름한 레스토랑이었다. 좁은 골목을 비집고 테이블과 의자가 놓여 있었고, 어둑한 골목에는 가로등 몇 개만이 반짝였다. 이곳의 생선 요리가 기가 막히다고 했다. 그날 갓 잡은 싱싱한 생선을 먹음직스럽게 요리해 준다는 것이었다. 하루 종일 배를 타고 이드라에 오느라 지친 나는 근사한 저녁을 기대했지만, 메뉴를 받아 보고는 경악했다. 아무리 싱싱한 생선이라지만 가격이 부담스러울 정도로 비쌌다. 결국 내가 선택한 것은 프라이드 칼라마리(Fried Calamari, 오징어를 가볍게 튀긴 요리), 그리스 맥주인 미토스(Mythos). 저녁식사로 배를 채우기에는 부족했지만 이드라 골목의 밤을 즐기기에 이보다 더 좋은 조합은 없었다.

둘,

낯선 도시에서, 모험

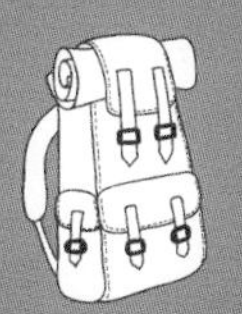

체코 Czech

쿠트나호라

해골로 만들어진 성당이 있다고?

쿠트나호라(Kutna Hora)는 예상했던 대로 '삭막한' 분위기를 지니고 있는 도시였다. 잿빛 하늘, 싸늘한 공기. 날씨마저 이렇게 '쿠트나호라'스럽다니! 쿠트나호라를 음산하고 침울한 도시로 기억하게 된 것은 '해골성당(Kostnice Ossuary)' 때문이다. 4만 개의 유골로 내부가 장식되어 있다는 기괴한 성당. 어떻게 이런 성당이 존재할 수 있을지 호기심이 앞섰다.

성당의 탄생 배경은 이렇다. 1278년, 이스라엘을 방문한 헨리 수도원장이 예루살렘 골고다 언덕에서 가져온 흙을 이곳 터에 뿌리면서 이 장소가 신성한 곳으로 여겨졌고, 죽은 뒤 여기에 묻히기를 원하는 사람도 많았다고 전해진다. 14세기 무렵, 흑사병과 후스 전쟁에서 희생된 수만 명의 사람들이 성당 인근에 매장되었는데, 점점 늘어나는 시신을 안치할 곳이 부족해지자 앞을 못 보는 한 수도사가 납골당을 만들어 내부를 뼈로 장식한 것이 지금의 성당이 되었다고 한다.

듣기만 해도 으스스한 이 사원 덕에 쿠트나호라를 찾는 이들도 꽤 된다. 나는 이 장소를 발견하고선 곧바로 매혹됐다. 낭만의 프라하보다 죽음과 몰락이 깃든 쿠트나호라가 내게는 더 매력적으로 다가왔다.

해골성당은 생각보다 규모가 작았고, 외관도 소박했다. 평범하기 그지없는 이 성당 안으로 발걸음을 들이는 순간, 다름을 감지한다. 서늘한 공기, 퀴퀴한 냄새와 함께 삼면의 벽을 장식한 해골이 제일 먼저 눈에 들어온다. 천장에 대롱대롱 매달린 뼈부터 멋스럽게도 창 주위를 총총 둘러 장식한 해골까지. 하지만 이것은 시작에 불과했다. 지하에 있는 성당 본당에서 해골성당의 진짜 모습을 볼 수 있었다.

1 쿠트나호라의 해골로 가득 찬 서늘한 예배당에는 호기심을 안고 이곳을 찾은 사람들의 행렬이 끊임없이 이어진다. 죽은 자와 산 자의 기묘한 만남.

2 피라미드 탑, 샹들리에, 십자가를 비롯한 여러 장식들. 해골로 만든 여러 작품을 보면 경이로움과 동시에 두려움이 느껴진다.

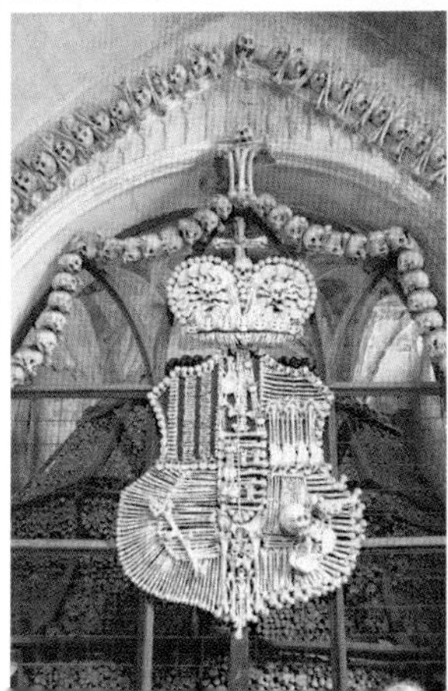

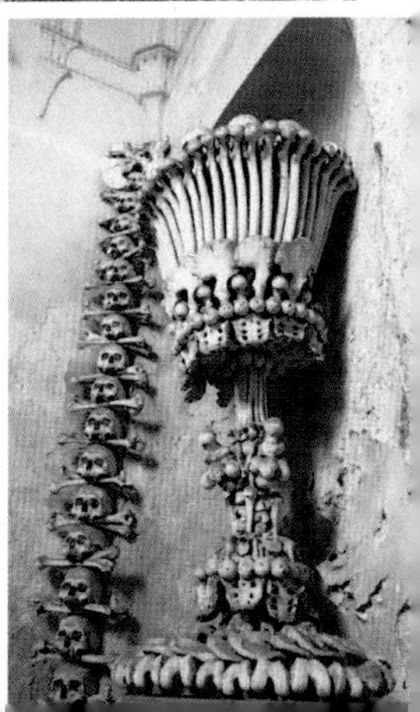

단순히 해골과 뼈를 쌓아 놓은 정도로만 생각했다면 오산이다. 수도사가 최초로 해골 납골당을 만든 이후인 1870년, 나무조각가 프란티섹 린트(Frantisek Rint)가 솜씨를 발휘해 이 해골성당을 예술작품의 장(場)으로 변모시킨다. 이를테면 해골과 뼈 조각을 조합해 거대한 상들리에, 촛대, 왕관, 새와 과일 같은 작품을 만들어 낸 것이다. 뼈로 만든 작품이 이렇게 정교할 수 있다니. 천사상과 함께 놓여 있는 해골, 십자가 옆에 쌓여 있는 해골 탑은 마치 죽은 자들이 경배 드리는 역설적인 모습을 연상케 한다.

작품에 대한 감탄이 최고조에 이를 때쯤 드는 마음은 예술 작품 이전에 인간이었을 그들에 대한 죄책감이었다. 높이 3m의 거대한 피라미드 형태로 쌓아올린 탑을 보고 있을 때였다. 해골 수백 개를 두껍게 쌓아올린 대형 무덤과 같은 탑이었다. 괴로운 듯 입이 벌어진 해골이 보인다. 자세히 보니 같은 해골에서도 각기 다른 표정이 읽힌다. 입을 쩍 벌리고 있는 해골, 작품을 위해 턱을 제거해 오므리고 있는 듯한 해골. 퀭한 눈 안에는 푸른 섬광이 반짝이는 듯했다. 죽어서도 편히 쉴 수 없도록, 기껏 세기의 구경거리로 만든 것에 대해 미친 듯이 분노하면서 예배당 안을 휘젓고 다니고 있을지도 몰랐다. 갑자기 숨이 턱 막혀 오고 식은땀이 맺혔다. 그들의 괴로운 아우성이 온몸으로 느껴지기 시작할 때쯤 나는 견딜 수 없는 상태가 됐다.

필립 로스(Philip Roth)의 소설 『에브리맨(Everyman)』에서는 죽음을 앞둔 주인공이 묘지에 가는 장면이 나온다. 그리고 삶과 죽음을 잇는 단 하나의 매개체인, 또 유일하게 죽은 후 세상에 남을 수 있는 뼈를 보며 위안을 받는다.

> 뼈에게 말을 걸지 않을 수가 없었다. 뼈가 말을 하면 거기에 귀를 기울

일 수밖에 없었다. 그와 그 뼈들 사이에서 많은 일이 벌어졌다. 그와 아직 육신을 입고 있는 사람들 사이에서 지금 벌어지는 것보다 훨씬 더 많은 일이 벌어졌다. 육신은 녹아 없어지지만 뼈는 지속된다. 내세를 믿지 않고 신은 허구이며 지금 이것이 자신의 유일한 삶이라는 사실을 의심의 여지없이 믿고 있는 사람에게 뼈는 유일한 위로였다.

세상에 유일하게 남은 수만 개의 뼈들에게 묻고 싶었다. 이곳이 그들에게 발가벗겨진 모욕으로 남을지, 아니면 안식으로 여길지. 그들이 말하는 것에 귀 기울이고 싶었고, 위로를 던지고 싶어졌다. 결국 갑갑하고 서늘한 기운을 참지 못하고 그곳을 뛰쳐나왔다.

성당에서 나와 쿠트나호라에서 가장 멋진 고딕 건축물로 알려진 바르바라 성당(Church of St. Barbara)을 찾았다. 섬세하고 화려한 스테인드글라스, 황금 제단, 백합이 피어 있는 듯한 아치 모양의 천장. 아름답고 우아한 성당이었다. 하지만 별다른 감흥 없이 의자에 앉아 있다 허무하게 나와야만 했다. 어깨는 짓눌리는 것 같았고, 다리는 무거웠다. 그 후 홀린 듯이 쿠트나호라의 골목을 헤매고 다녔다. 오후 늦은 시간이 되자 관광객들은 대부분 이곳을 빠져나갔고, 상점은 일찍 문을 닫았다. 텅 빈 거리에는 낡고 무너진 건물이 대부분이었다. 그 모습을 보니 쇠락의 길을 걸어야만 했던 '은의 왕국'의 비극이 떠올랐다. 13세기 후반, 쿠트나호라는 가장 질 좋은 은을 생산했다. 당시 유럽의 은 생산량의 1/3이 쿠트나호라에서 나올 정도였으니, 이 작은 도시가 부를 축적하는 것은 당연한 일이었을 것이다. 중세 시대에 프라하에 이어 두 번째로 큰 도시로 이름을 떨쳤지만, 세월이 흘러 은광이 고갈되기 시작하고, 30년 전쟁이 일어나면서 그 명성도 점점 사그라졌다. 그리고

지금은 역사적 가치가 있는 관광지를 둘러보며 은의 왕국의 흔적을 가늠해 볼 수 있을 뿐이었다.

시간을 거꾸로 돌린 듯한 마을의 모습에 낯설어하며 한 후미진 골목으로 들어섰을 때였다. 7~8세쯤 되었을까? 한 남자아이가 무릎을 꿇고 열심히 차를 닦고 있는 모습이 보였다. 그리고 곧이어 그 아이의 부모로 보이는 남녀가 양동이, 걸레를 들고 나와 아이를 거들기 시작했다. 그들은 단 한 마디 말도 하지 않았으며, 작은 웃음소리조차 내지 않았다. 하지만 묵묵히 걸레질을 하는 아이의 머리를 쓰다듬어 주는 남자의 손길, 두 부자를 흐뭇하게 바라보는 여자의 눈빛이 모든 것을 말해 주고 있었다. 그들에게 '살아 있음'이 느껴졌고, 그것은 쿠트나호라 사람들의 삶이었다. 죽음과 쇠락의 기억을 간직한 도시에서도 그들은 나름대로 가치 있는 행복을 꾸려가며 살아나가고 있었다. 그들의 모습을 보고 나서 무엇인지 모를 긴장이 풀어지는 것이 느껴졌다. 그리고 그제야 성당에서 느꼈던 알 수 없는 죄책감과 우울함에서도 조금은 벗어날 수 있었다.

1 쿠트나호라의 아름다운 건축물, 바르바라 성당에서 지친 마음을 달랬다.
금빛 제단과 우아한 천장, 정교한 스테인드글라스를 보며 의자에 앉아 눈을 감았지만 쉽사리 마음을 가라앉힐 수 없었다.

2 거칠고 무너진 건물들 사이, 과거 은의 왕국 흔적은 찾아볼 수 없었다. 텅 빈 쿠트나호라 구시가지 거리에서.

쿠트나호라 가는 방법

프라하에서 가까운 편으로, 기차나 버스로 이동할 수 있다. 버스보다는 기차 시간대가 더 다양한 편이다. 기차로 1시간 소요.
쿠트나호라는 해골성당과 구시가지가 주요 볼거리인데, 두 곳이 상당이 떨어져 있는 편이므로, 동선을 짤 때 주의해야 한다. 기차를 타고 갈 경우, 해골성당에 먼저 들른 후 바르바라 성당이 있는 구시가지까지 버스를 타고 가면 된다.

* 체코 열차 예매 사이트 www.cd.cz/en

은의 도시, 쿠트나호라

쿠트나호라에서는 해골성당 외에도 '바르바라 성당', 한때 은화가 제조되었던 곳인 '블라슈스키 두브루 궁전(Vlašský dvůr)', 은을 캐던 지하 광산을 체험할 수 있는 '흐라덱 은광 박물관(Hrádek Mining Museum)'이 볼만하다. 쿠트나호라 구시가지는 프라하와는 다른 체코의 모습을 볼 수 있는 곳이다. 낡은 건물들, 순박한 사람들, 그리고 고즈넉한 마을 풍경을 보면 동유럽만이 간직한 고유의 분위기를 느낄 수 있다. 시간이 남으면 옛 흔적이 남은 쿠트나호라의 골목길을 천천히 산책해 볼 것을 권한다.

* 해골성당 등 주요 관광지 매표소에 가면, 여러 관광지의 티켓을 묶어서 판다.
  요금 85코루나.

쿠트나호라에서의 불편한 식사

쿠트나호라 구시가지에서 점심을 먹기란 쉽지 않았다. 나름 관광 도시임에도 레스토랑이 많지 않은 데다가, 겨우 발견했다 싶으면 어김없이 만석이었다. 결국 '저곳만은 가지 않겠다'라고 생각한 허름한 피자가게에 들어가게 됐다. 시골의 식당 느낌이 물씬 풍겼다. 내부에는 뻣뻣한 원색 천 하나를 깔아놓은 테이블이 빽빽하게 놓여 있고, 그 위로는 파리 몇 마리가 날아다니고 있었다. 짝다리로 껌을 짝짝 씹을 것만 같은 여종업원은 무뚝뚝하고 불친절했으며, 주문한 피자는 너무 느끼했고, 함께 나온 콜라는 김이 다 빠져 맹맹한 맛이 났다. 이럴 줄 알았으면 샌드위치라도 사올 것을……. 그나마 저렴한 가격이 위안이 됐다. 쿠트나호라의 레스토랑에서 끼니를 해결하려면 점심시간은 무조건 피할 것을 강력하게 권한다.

슬로베니아Slovenia

포스토이나

개미굴, 화성비밀기지로 동굴탐험

슬로베니아의 '포스토이나(Postojna)'는 한국인에게 제법 친절한 관광지였다. 관광 티켓 부스 유리창에는 한국어로 '티켓'이라고 적혀 있었고, 어설픈 번역이지만 관광지에 대해 상세히 적혀 있는 한국어 리플릿도 받았다. 심지어 길 한편에 나란히 걸려 있는 여러 국기 속에서 태극기가 펄럭이는 것이 보였다. 예상치 못했던 포스토이나의 환대에 없던 정도 생겨날 지경이었다. 유명 관광지에서(특히 박물관이나 미술관) 일본, 중국 사이에 한국만 쏙 빠져 있을 때 아쉬움과 부러움은 얼마나 큰지. 별다른 노력 없이 모국어로 명작에 대한 설명을 듣고, 유적지의 역사에 대해 생생하게 그려볼 수 있는, 깊이 있는 여행을 할 수 있는 것도 나라 잘 만난 복이다.

포스토이나는 수도 류블랴나에서 버스로 1시간 정도 걸리는 작은 시골마을이다. 인적조차 드문 이 조용한 마을로 관광객이 몰리는 이유는 오로지 '포스토이나 동굴' 때문이다. 나 역시 세계에서 두 번째로 긴 카르스트 동굴이라는 것, 하얀 석회암이 가득하다는 독특한 동굴의 모습 보고 싶어 들른 참이었다.

본격적으로 포스토이나 동굴 관광을 하기 위해 기관차에 올랐다. 총 길이가 20km나 되는 이 동굴은 관광객에게는 5.3km만 개방되고 있는데, 관광을 위해서는 기관차를 타고 동굴 중심으로 들어가 가이드의 인솔에 따라 움직여야 한다. 이 동굴의 매력은 여러 가지가 있지만, 기관차를 타고 들어가는 10분 동안이 내겐 강렬한 인상을 남겼다. 덜덜거리는 옛날식 기관차에 앉아 동굴 내부의 서늘한 바람을 가르며 빠른 속도로 달려가다 보면 반짝이는 종유석이 가득한 여러 동굴 방을 훔쳐 볼 수 있다. 머리가 닿을 듯한 동굴 천장을 아슬아슬하게 지나가는 것은 위험천만해 보여도 롤러코스터만큼 스릴 있었다.

가이드를 따라 동굴 안을 거닐 때는 마치 미지의 세계를 탐험하는 듯했다. 흡사 화성동굴이나, 개미굴 안으로 들어온 것처럼 환상적이었다. 동굴 내부는 스파게티면이라 불리는 종유석 수백 개가 천장을 빽빽하게 메우고 있었고, 짙은 황토색 돌 틈새로는 에메랄드색의 석순이, 또 눈부시게 하얀 바위들 아래로 자라 있는 종유석이 보였다. 같은 돌이라도 언제 어디서 만들어졌느냐 따라 다른 빛을 낸다. 열댓 명가량 되는 관광객들이 넋을 놓고 화려한 돌들을 바라보고 있을 때, 가이드의 날카로운 목소리가 들렸다.

"동굴 벽이나 돌은 절대 만지지 마세요!"

누군가가 벽에 손을 대려 한 모양이었다. 가이드는 '조금이라도 사람 손을 타면

거대한 카르스트 동굴, 포스토이나. 이곳에 들어가기 위해 전기기관차에 탑승한다. 빠르게 동굴을 스쳐가는 기관차에서 보이는 반짝이는 동굴의 모습은 가히 환상적이다. 화려한 포스토이나 동굴 내부. 오랜 세월 자라난 종유석과 석순이 물결처럼 흐르고 있었다.

돌들은 더 이상 자라지 않는다'는 설명을 덧붙였다. 이렇게 예민할 수가. 이 이야기를 들으니 인간이 침범하면 안 될 곳까지 들어선 듯한 느낌이 든다. 따지고 보면 이 지구상에 인간의 손을 타서 더 잘되거나 이치에 맞게 돌아가는 것은 거의 없다.

동굴 중간쯤에는 거대한 수족관이 있었는데, 이곳에서 포스토이나 동굴의 명물 '올름(olm)'을 볼 수 있었다. 올름은 수명이 80~100년 정도 되는 도롱뇽의 한 종으로 살색의 피부가 인간과 비슷해 '인간물고기'라고도 불린다. 수천만 년 동안 동굴에 적응하며 눈이 퇴화되고 청각과 후각만 남게 된 이 희귀종은 10년 동안 아무것도 먹지 않아도 생존이 가능하다고 전해진다. 수족관 주변은 이 귀한 생물을 보호하기 위해 조명을 거의 꺼 놓은 상태였다. 컴컴한 곳에서 올름의 형체는 가늠하기 어려웠다. 어둠에 적응될 쯤, 살색의 긴 올챙이 같은 모습을 한 올름 몇 마리가 물 깊은 곳에 웅크리고 있는 것이 보인다. 관광객 수십 명은 이 거대한 수족관을 둘러싸고 눈을 유리에 바짝 붙이며, 이 생명체의 '인간과 닮은 모습'을 찾아내려 하고 있었다. 희귀한 생물을 구경거리로 전락시키는 것이야 흔한 일이라지만, 이 순간에는 구석에 웅크리고 있는 올름들이 안쓰럽게 느껴졌다. 수천만 년 동안 어둠과 동굴에 적응하며 이루어 온 진화가 겨우 몇 십 년 만에 쓸모없는 것이 되어버린 건 아닌지. 끈질긴 생명력으로 살아남았던 이 귀한 생물은 관찰하는 사람들의 눈을 피하기 위해 또 다른 진화를 해야 할지도 모른다.

동굴 투어의 마지막 장소는 '콘서트 홀'이었다. 만 명을 수용할 수 있을 만큼 동굴 내 가장 넓고 탁 트인 방으로 실제로 이곳에서 공연이 열리기도 한다. 이탈리아 출신 지휘자 토스카니니(Arturo Toscanini)가 직접 이곳에서 지휘를 한 사실은 유명하다. 동굴 안을 가득 메우고 있는 오케스트라와 관객들을 상상해본다. 바이올린, 첼로, 플루트, 트럼펫 악기의 합주는 이 안에서 얼마나 풍성해질 것인가. 지휘자의 열정도, 관객들의 열렬한 박수소리도 이곳에서는 두세 배 증폭되며, 최고의 하모니를 만들어 낼 것이다. 하지만 동굴의 균열을 염려해 당분간은 공연 계획이 없다는 가이드의 말에 진한 아쉬움을 느끼며 돌아설 수밖에 없었다.

류블랴나로 돌아가기 위해 버스터미널로 왔을 때, 매표소는 텅 비어 있었고, 버스를 기다리는 사람도 없었다. 벽에 붙어 있는 시간표를 읽어 보려 했지만, 슬로베니아어다. 포스토이나의 관광객을 향한 친절은 이곳까지 이어지지 않는 모양이다. 난감해하고 있던 차에 인상 좋아 보이는 할아버지를 발견했다. 여행 중 모를 때는 무조건 물어보는 것이 진리다.

“저기, 혹시 류블랴나로 가는 버스 시간이 어떻게 되는지 아시나요? 버스 시간표를 봤는데도 잘 모르겠어요.”

내 간절한 물음에도 할아버지는 눈을 동그랗게 뜨며 어깨를 으쓱할 뿐이었다. 영어가 전혀 안 통하는 이 할아버지에게 손짓 발짓, 온갖 언어를 뒤섞어 요란스럽게 의미를 전달해 알아낸 사실은 류블랴나행 버스는 4시간 후에나 있다는 것. 다른 곳 같았으면 마을 구경이라도 슬슬하며 돌아다닐 텐데, 이 동네는 정말 동굴 외에는 볼거리가 아무것도 없는 곳이었다. 고민하는 내게 할아버지는 뭔가 해결책을 주고 싶어 하는 듯했다. 손을 들어 운전하는 시늉을 하고는 땅을 손가락으로 짚었다. 나름대로 해석한 결과 ‘운전기사가 차를 몰고 올 때까지 여기서 기다려라’ 하는 것 같았다. 에라, 모르겠다. 자포자기하는 심정으로 대합실로 들어가 드러누웠다.

그렇게 30분 정도 지났을까. 할아버지가 허겁지겁 들어오더니 빨리 나오라는 손짓을 했다. ‘버스가 일찍 도착한 건가?’ 서둘러 할아버지 뒤를 따라 나섰으나, 나를 기다리고 있었던 건 웬 승용차 한 대. 할아버지는 문을 열어주며 타라는 시늉을 한다. 그제야 할아버지의 좀 전의 제스처가 무엇을 의미했는지 알 수 있었다. '이곳에 친구가 나를 데리러 오기로 했으니, 그때 널 데려다 줄게.' 아무리 사정이 있어도 낯선 사람 차에 타기는 불안했다. 망설이고 있을 때, 운전석에서 있던 남자가 내리며 반갑게 악수를 청한다.

"반가워요! 어디까지 가요?"

"류블랴나요."

"그래요? 그럼 타요!"

호탕한 목소리에 시원스러운 제스처를 취하며 운전석에 앉는 걸 보고 있자니, 나쁜 사람 같지는 않았다. 길 잃은 여행자를 위한 그들의 호의를 기꺼이 즐겁게 받아들이기로 했다. 차에 타자 얌전하고 순박하기만 한 터미널 할아버지와는 달리, 운전석의 남자는 정말 유쾌한 사람이었다.

"중간에 친구 한 명을 더 데리고 가야 해서 잠깐 들렀다 갈게요. 괜찮겠어요?"

차는 한 농장에 멈춰 서서 한 명의 할아버지를 더 태웠다. 그리고 3명의 할아버지들과 류블랴나까지의 유쾌한 동행이 시작됐다.

나름 영어를 유창하게 한다는 운전석의 남자도 대화가 잘 통하지 않기는 마찬가지였다. 도무지 알 수 없는 영어를 구사했다. 재미있는 건 그 남자와 나 사이의 통역을 영어를 전혀 못하는 할아버지가 맡았다는 사실이다. 남자의 말을 듣고 할아버지는 보디랭귀지로 나에게 열심히 설명했는데, 그게 의외로 의미가 잘 통했다. 힘든 대화 끝에 알아들은 이야기는 사소한 것이었다. 운전하는 아저씨는 독일 출신이며, 팔뚝에 새겨진 하트무늬 문신을 독일에서 하게 됐다는 것. 지금 사업차 류블랴나와 포스토이나를 왕복하고 있다는 것, 세 사람은 오래전부터 알고 지낸 막역한 사이라는 것. 그리고 이곳에서는 버스를 부스라고 부른다는 것. 이분들의 호의에 보답해야겠다는 생각에 한국에서 가져온 전통 열쇠고리를 선물했다. 운전석 남자는 역시나 화통을 삶아 먹은 듯한 소리로 외쳤다.

"나 주는 거예요? 오! 정말 고마워요!"

반면 터미널에서 만난 할아버지는 조용히 고맙다는 인사를 하더니, 차를 타고 가는 내내 그 열쇠고리를 쳐다보며 만지작거렸다. 낯선 나라의 낯선 사람에게 받은 뜻밖의 선물이 너무나 고마워서, 하지만 그것을 표현할 방법을 찾지 못해 난감해하는 것처럼 느껴졌다. 그런 할아버지의 순수한 마음이 그대로 전해져, 우리는 통하지 않는 말만 서로 중얼거리다 미소만 짓고 말았는데, 그것만으로도 충분했다.

라디오에서는 슬로베니아의 컨트리풍 노래가 흘러나왔고, 할아버지가 건네 준 사탕을 입에 물었다. 허기가 져서 그런지 유독 달달하게 느껴졌다. 그리고 할아버지들의 슬로베니아어로 이뤄지는 대화와 웃음소리는 차창 밖의 아름다운 전원 풍경과 너무나도 잘 어울려, 스크린 밖에서 한 편의 영화를 보는 듯했다. 이 차는 그런 훈훈한 분위기와는 달리 정말 미친 속도로 달렸다. 포스토이나 기차에 이어 하루 종일 롤러코스터를 타는 기분이었다. 나중에는 차가 지나가는 터널이 포스토이나 동굴과 오버랩되기까지 했다. 아저씨의 거친 운전 덕에(성격과 100% 일치했다) 버스보다 30분 더 빨리 류블랴나에 도착할 수 있었다.

폐쇄적이고 경계심이 많은 나는 여행에 와서 이상하리만큼 마음을 열고 있었다. 사람들에게 받은 상처를 이곳에서 치유받고 있는 듯한 기분이었다. 여행을 하다 보면 나도 모르게 나를 치장하고 있던 껍데기를 모두 벗어버리고 진짜 알맹이가 나와 사람들과 대면한다. 낯선 사람과의 만남에서 진정한 내 모습이 드러난다는 것이 얼마나 아이러니한 일인지. 시간이 지날수록 내 안의 알맹이는 점점 자라고 있는 것 같았다.

포스토이나 가는 법

수도 류블랴나에서 당일치기로 다녀오기 좋은 곳이다. 버스터미널에서 포스토이나행 버스를 타면 1시간 정도 소요된다. 포스토이나 정류장에서 동굴은 조금 떨어져 있는 편으로, 조용한 마을 정취를 느끼며 천천히 걸어가는 것도 좋다. 약 30분 소요.
포스토이나에 가는 날이 주말이라면, 버스 시간에 유의해야 한다. 포스토이나에서 류블랴나로 돌아올 때 버스가 드물어 시간 조정을 잘못하면 한참 기다려야 하는 수가 있다. 사전에 인포메이션이나 숙소에 들러 시간표를 보고 움직이자.

포스토이나 인근에 있는 프레드야마 성

포스토이나 동굴 티켓부스에 가면 동굴 입장권 외에도 프레드야마 성(Predjamski Gra) 입장권을 함께 판매한다. 포스토이나 동굴에서 9km 떨어진 곳에 위치한 이 성은 절벽에 붙어 있는 특이한 형태로 마치 암석 사이에서 성이 자라난 것 같은 모양을 띠고 있다. 성 내부에는 중세시대 만들어진 방과 물건이 전시되어 있으며, 성 뒤쪽은 산의 동굴로 바로 이어져 있는 희귀한 성이다.

* 포스토이나 동굴(프레드야마 성) www.postojnska-jama.si

크로아티아 Croatia

플리트비체

요정이 사는 숲을 걷다

무키네(Mukinje) 마을은 숲 속 깊은 곳에 감춰져 있는 '비밀의 마을' 같은 곳이었다. 자그레브에서 약 3시간가량 달려 도착한 버스는 나를 황량하고 너른 도로에 내려놓았다. 수풀이 우거진 숲과 도로뿐인 곳이었다. 그리고 그 옆에 이 작은 마을이 숨어 있었다.

깔끔하고 정돈된 오솔길을 따라 들어가니, 전형적인 유럽식 집들이 한 길 건너 띄엄띄엄 서 있는 것이 보였다. 집 울타리 나무 패널에는 1부터 차례로 번지수가 붙어 있었다. 내가 머물 곳은 45번 집이었다.

이 마을을 찾은 것은 최고의 비경을 볼 수 있다는 플리트비체(Plitvice) 국립공원에 가기 위해서였다. 요정들이 나올 것 같은 신비의 숲으로 알려진 그곳, 빽빽하게 메워진 수풀 사이로 끝없이 흘러내리는 수많은 폭포와 푸른 호수. 마치 원시시대가 재현된 듯한 아름다운 숲.

이 마을에서 플리트비체까지는 약 3km 정도 떨어져 있지만, 1박 이상 하는 배낭여행자들은 주로 이곳에 찾아와

1 사람의 접근이 어려워, 약 400년 전에야 발견되었다는 플리트비체 공원. 그 어떤 곳보다 자연의 아름다움이 그대로 보존되어 있는 곳이다. 이 청정한 숲을 걷다 보면 온몸과 마음이 깨끗하게 씻겨나간다.

2 숲을 보호하기 위해 다리부터 안내판, 휴지통까지 모든 시설은 나무로 만들어져 있다. 각종 통제도 다른 공원에 비해 엄격하다. 그렇기에 그 많은 관광객이 이곳에 몰려드는데도, 깨끗한 본연의 모습 그대로를 유지할 수 있을 것이다.

머문다. 공원 근처에는 고급 호텔 말고는 머물 곳이 마땅치 않기 때문이다.

숙소 아주머니는 마을에서 플리트비체까지 가는 지름길이 있다고 했다.

"마을 끝에 가면 숲길이 나오는데, 그 길을 따라 20분 정도 걷다 보면, 공원 입구가 나올 거예요."

하지만 말처럼 쉽게 길을 찾을 수 없었다. 숲길은커녕 한 시간 동안 헤맨 후의 종착지는 처음 출발했던 숙소 앞이었다. 지칠 대로 지친 내가 플리트비체로 가기 위해 택한 방법은 '무식하게 가자'였다. 버스를 타고 온 도로를 그대로 올라가기로 한 것이다. 널찍한 도로 옆 좁은 샛길을 따라가야 하는 위험한 길이었다. 버

스 혹은 트럭이 클랙슨을 미친 듯이 울리며 스쳐 지나갔다. 가는 날이 장날이라더니, 때맞춰 비까지 부슬부슬 내린다. 지상 낙원 플리트비체를 찾아가는 길은 멀고도 험했다.

한 줄기의 거대한 폭포가 힘차게 쏟아진다. 또는 수십 개 갈래의 물줄기가 부드럽게 바위 위로 흘러내리며, 거대한 에메랄드 빛을 띤 호수에서 다시 만난다. 플리트비체의 비경은 실로 입이 떡 벌어질 만큼 아름다웠다. 한 개의 섬처럼 생긴 집채만 한 바위 위에서는 사방에서 물줄기가 쏟아져 내려오고 있었는데, 마치 물속에서 하늘로 솟구치는 거대한 행성을 보는 듯했다. 플리트비체 공원 곳곳에 숨어 있는 수십 개의 폭포 줄기들은 거대한 호수를 만들어낸다. 그렇게 생겨난 호수만 20여 개. 폭포가 역동적이고 화려한 물줄기로 이곳의 생명력을 나타낸다면, 호수는 플리트비체 공원의 색을 만들어내는 곳이었다. 호수는 어느 방향에서 보느냐, 또는 날씨가 어떤지, 어떤 위치에 있는지에 따라서 미묘하게 다른 색을 띠지만 기본적으로 아름다운 '에메랄드 빛'을 갖고 있다. 이런 색의 물이 실재한다는 것 자체가 신비로워 그 어떤 환상적인 생물체가 산다고 해도 믿을 수 있을 것 같았다. 정

플리트비체 트레킹의 정점은 수많은 폭포와 에메랄드 빛 호수를 수시로 맞닥뜨리는 것.
요정이 사는 숲이라는 별칭이 진짜인 것처럼 느껴지는 순간이다.

말 요정이 물속에서 헤엄치고 있지 않을까. 물 아래를 자세히 들여다보니 수많은 송어 떼들이 몰려다니는 것이 훤히 보인다. 이 에메랄드 빛을 계속 담아두고 싶어 카메라 셔터를 사정없이 눌렀지만, 어째 눈으로 보는 것과는 영 다르다. 이곳의 아름다운 물빛은 꼭 직접 봐야만 했다.

플리트비체는 워낙에 특이한 지형이라, 내려오는 설도 많다. 그중 나는 판타지가 들어간 전설이 마음에 들었다. 먼 옛날 이 지역에 심각한 가뭄이 들었다고 한다. 마을 사람들이 비를 내려달라 지극 정성 빌었고, 그들의 기도에 응답해 검은 여왕이 이곳에 며칠 동안 비를 뿌렸다. 그 후 식물들은 다시 되살아났고, 며칠 동안 내린 비 때문에 호수와 많은 계곡이 생겨났다는 것이다. 신비로운 숲에 딱 맞는 이야기 아닌가.

플리트비체의 한 거대한 호수에 도달했을 때, 마침 비는 그치고 해가 호수를 비추기 시작했다. 아름다운 풍경 덕에 트레킹 코스는 생각보다 힘들게 느껴지지 않았다. 오히려 트레킹한 4시간이 아쉽게 느껴질 지경이었다. 나무다리를 건널 때면 아름다운 호수 풍경에 눈이 맑아지는 느낌이었고, 물의 소리가 요정들의 노랫소리처럼 들렸다. 나무로 울창한 숲길을 걸어갈 때면, 비가 내린 후 특유의 촉촉하고 상쾌한 공기 때문에 머릿속이 싸할 만큼 시원했다.

하지만 이러한 행복도 트레킹하는 순간뿐이었다. 트레킹이 끝나자마자 기다렸다는 듯이 장대비가 쏟아졌다. 무키네 마을로 다시 돌아가야 했지만, 아까 그 험난한 도로로 다시 갈 엄두가 도저히 나지 않았다. 사람들에게 여러 번 물은 끝에, 숲 속의 지름길을 겨우 알아낼 수 있었다. 부옇게 물안개가 끼기 시작하면서 신비로운 숲은 으스스한 전설의 고향에 나오는 숲처럼 느껴졌다. 나무 위에서 누군가 내려와 목덜미를 잡아 챌 것만 같아 발걸음을 빨리 했다. 있는 힘을 다해 마을로 도망치듯 돌아온 뒤 탈진한 듯 침대에서 꼼짝할 수 없었다.

플리트비체는 환상적으로 아름다웠지만 다시 생각해도 그곳까지 가는 길은 여행길 고난 베스트에 꼽을 정도로 무지막지하게 힘들었다. 아름다운 비경을 공짜로 보여줄 수 없다는 누군가의 뜻으로 생각할 수밖에.

플리트비체 가는 방법

크로아티아 여행은 보통 수도인 자그레브에서 남쪽으로 내려가는 동선을 이용하는 경우가 많다. 그래서 자그레브 다음으로 플리트비체에 들르는 것이 정석 루트다.

(자그레브-플리트비체-자다르 or 스플리트-두브로브니크)

자그레브 버스터미널에서 플리트비체행 버스는 1시간 간격으로 자주 있다(약 2시간 30분 소요). 버스는 플리트비체 입구 1, 2 그리고 무키네 마을에서 각각 정차하나, 사람이 적으면 그냥 지나치는 경우도 있으니 반드시 운전기사 또는 표를 걷는 사람에게 목적지를 이야기해 두는 것이 좋다.

* 크로아티아에서 버스를 탈 때는 기사에게 짐 값을 별도로 지불해야 한다. 짐 1개당 7쿠나.

* **한국에서 크로아티아로 가려면**

인천에서 크로아티아까지 직항은 아직 없으며, 루프트한자 항공사에서 프랑크푸르트를 1회 경유해 자그레브(Zagreb)까지 운항하고 있다(단, 두브로브니크에서 귀국할 때는 중간에 뮌헨을 경유하는데, 공항 대기시간이 상당히 긴 편이다). 비행에만 15시간 정도 소요.

플리트비체에서의 1박은 무키네 마을에서!

무키네 마을(Mukinje) 전체가 펜션이라고 생각해도 될 만큼 그곳 주민 대부분이 숙박업을 하고 있다. 호텔에 비해 가격 부담이 적고(30~40유로선), 거의 모든 집들이 예쁘고 아늑하니 취향에 따라 머물 곳을 선택하면 된다. 비수기 때는 직접 숙소를 둘러보고 구하는 것도 좋다.

무키네 마을에 레스토랑은 딱 한 곳이다. 마을 입구에서 직진하다 보면 왼쪽에 스키 대여점이 보이는데, 레스토랑과 함께 운영되고 있다. 맛은 썩 훌륭하지는 않지만,

한 끼를 배부르게 해결하기에는 적당하다. 수프, 피자, 파스타 등을 판매한다. 가격은 30~40쿠나.

플리트비체를 여행하기 좋은 시기

내가 플리트비체를 찾았을 때는 10월 초, 막 가을에 접어들었을 무렵이었다. 이 시기에는 관광객이 그리 많지 않아 한적하게 플리트비체를 거닐 수 있었다는 점, 단풍이 들어 아름다운 숲의 풍경을 볼 수 있는 것이 좋았다. 단, 건기라 폭포의 물줄기가 조금 약해 완벽한 플리트비체의 장관을 볼 수 없다는 점이 아쉬움으로 남는다. 여름에는 다소 사람이 많다는 점을 제외하고서는 시원한 폭포와 맑은 호수 등 플리트비체의 생생한 풍경을 볼 수 있다.

플리트비체 공원을 돌아보는 방법

플리트비체는 다소 특이하게 코스가 짜여 있다. 소요시간별, 난이도별로 10가지 경로(A~K코스)가 나뉘어 있는데, 여행 스타일에 따라 코스를 정하면 된다. 인포메이션에서 코스별 설명을 들을 수 있고, 안내지도도 판매한다. 플리트비체에 관심이 있는 사람은 2~3일을 보는 경우도 있는데, 여행 시간이 촉박하다면 4~6시간 정도 소요되는 무난한 H코스를 선택하면 된다. 공원 내에서는 트레킹하는 코스, 셔틀버스를 타고 들어가는 구간, 유람선을 타는 구간 등으로 나뉘어 있어 언뜻 복잡해 보이나 곳곳에 표지판이 잘 설치되어 있으므로 길을 잃을 염려는 없다.

- 주소 Nacionalni park Plitvička jezera, 53231, Plitvička Jezera
- 가는 법 자그레브와 자다르에서 버스로 약 2시간 반~3시간 소요
- 운영시간 07:00~19:00(연중무휴)
- 요금 1~3월, 11~12월 55쿠나 / 4~6월, 9~10월 110쿠나 / 7~8월 180쿠나
- 홈페이지 www.np-plitvicka-jezera.hr

루마니아Romania

브란 성

스토리텔링의 승리, 브란 성

까짓것 포기하고 말지! '브란 성(Bran Castle), 10~1월까지 월요일 휴무'라고 적힌 가이드북을 철썩같이 믿었다. 여행 중 많은 관광지가 문을 닫는 월요일은 매번 난감하다. 특히, 선택지가 그리 많지 않은 루마니아에서는 더더욱 그랬다. 나는 이틀째 루마니아의 브라쇼브(Brasov)에서 머물고 있었다.

브라쇼브는 몰다비아(Moldovei), 왈라키아(Wallachia), 트란실바니아(Transylvania) 등 루마니아 주요 지역을 잇는 교통 중심지다. 나 역시 시나이아, 시기쇼아라 등 다른 지역을 가기 위해 이곳을 거점으로 삼고 며칠 동안 머물기로 했다. 굳이 교통 때문이 아니더라도 브라쇼브는 충분히 매력적인 도시였다. 거대한 스파툴루이(Sfatului) 광장을 중심으로 골목들이 방사형으로 뻗어 있었고, 그 사이에는 예쁜 레스토랑과 숍이 가득했다. 광장 옆에는 합스부르크 왕가의 공격으로 화재가 발생해 검게 그을린 것으로 알려진 흑색교회(Black Church)가 솟아 있었고, 마을 뒤 우직히 자리한 팀버 산 꼭대기에는 "BRASOV"라고 쓰인 간판이 하얗게 빛나고 있었다. 예상과 다른 것이 있었다면 비가 오는 바람에 너무 일찍 관광이

비가 내리던 날, 브라쇼브에 도착했다. 서늘한 공기와 물안개가 도시를 감쌌다. 칠이 벗겨진 집들이 고요하게 길가에 늘어서 있다. 거리도 사람들도 한 톤 가라앉은 것 같았다. 그것이 루마니아의 첫 인상이었다.

끝나버렸다는 것. 어쩔 수 없이 남은 시간에 한 카페에 앉아 시간을 보내다 비가 그칠 무렵, 광장 뒤쪽으로 이어진 골목길을 훽 둘러보고 나니 어스름한 저녁이었다. 사람들이 길게 줄을 선 베이커리에 들러 빵 한 아름을 안고 와 숙소에서 저녁을 해결한 후 곯아떨어졌는데, 그러고 나서 별다른 계획 없이 월요일 아침을 맞은 것이다.

브라쇼브 시내를 다시 한번 돌아볼까? 팀버 산에 올라가는 게 좋을 것 같은데……. 그러고 보니 케이블카도 월요일엔 쉰다고 했지!

"그러지 말고, 시나이아에 가는 건 어때요?"

내 고민을 듣던 숙소 아주머니가 김이 모락모락 나는 스크램블 에그가 담긴 접시를 건네며 말했다.

"시나이아도 마찬가지예요. 오늘 쉬는 곳이 많다고 들었거든요."

"음, 그럼 브란 성은? 내가 알기로 거긴 오픈을 하거든요! 기다려 봐요. 홈페이지에서 확인해 볼 테니……."

결과는 아주머니 말대로였다. 월요일, 12시부터 오픈을 한다! 역시 정확한 관광 정보는 현지인에게서 얻을 수 있다. 가이드북만 믿고 있다가 브란 성에 발도 못들일 뻔했으니 말이다.

'루마니아' 하면 가장 먼저 연상되는 것은 아마 드라큘라 백작일 것이다. 나 역시 드라큘라에 대한 환상을 품고 루마니아를 찾은 터였다. 브란 성은 바로 그 '드라큘라 백작의 성'으로 알려진 곳이다. 루마니아에 오는 전 세계의 수많은 관광객들이 드라큘라에 대한 막연한 호기심과 환상을 안고 이곳을 찾는다. 자욱하게 낀 안개 사이로 절벽 끝에 홀로 올라 있는 거대한 성, 거친 돌로 둘러싸인 단단한 성벽, 그리고 커다란 쇠못이 달린 낡고 육중한 성문. 그곳을 두드리면 '삐걱' 하는 소리와 함께 문이 열리고, 환상의 인물인 드라큘라 백작 생애의 일부를 엿볼 수 있을 것이라는 상상을 하면서 말이다.

하지만 엄밀히 따져 보면 드라큘라와 브란 성은 그리 크게 관련 있는 곳은 아니다. 아일랜드 작가 브램 스토커(Bram Stoker)의 소설 『드라큘라』에 등장하는 흡혈귀는 루마니아 영주 블레드 체페슈를 모델로 한 것인데, 브란 성은 블레드 체페슈가 잠시 머물렀다는 이유로 '드라큘라 성'이라는 이름이 붙었다. 한편 블레드 체페슈가 공포의 대명사 드라큘라의 모델이 된 데는 이유가 있다. 그는 루마니아에서 오스만제국의 군대를 물리친 용장으로 이름을 떨쳤지만, 잔혹함으로도 명성이 높았다. 그 잔혹함은 특히 적을 죽일 때 극에 달했는데, 예를 들어 뾰족하게 깎은 장대를 사람 입에서 항문으로 꽂는다든가, 수십 개의 못이 박힌 바퀴가 달린 마차를 사람 위로 지나가게 하는 등의 끔찍한 형벌을 즐겼다고 한다. 뿐만 아니라 희생자들이 서서히 죽어갈 때 그 모습을 바라보면서 식사를 즐겼다고도 하니, 이 정도면 일반적인 잔혹함을 넘어선다. 그런 점이 소설 주인공으로서 흥미를 끌었던 것이리라.

브란 성은 절벽 꼭대기에 아슬아슬하게 올라서 있었다. 울퉁불퉁한 바위 위에 이어진 굳건한 성벽 너머로 잿빛의 붉은 지붕이 언뜻 보였다. 작은 돌문을 지나쳐 성 내부로 들어섰을 때, 의외의 모습에 나는 당황할 수밖에 없었다. 날이 너무 화창했던 탓일까. 밝은 주황빛의 온순한 지붕과, 정갈한 하얀 벽은 내가 본 어떤 성보다 단아하고 아늑해 보였다. 성 내부는 거실, 개인 방, 서재, 무기 및 의상 전시실 등으로 이뤄져 있었는데, 드레스덴산 피아노, 바닥에 깔린 곰 가죽, 그리고 오래된 가구들로 이루어진 방을 보니 언뜻 보면 앤티크한 취향을 가진 대부호가 소유하고 있는 저택이라고 해도 이상할 게 없었다. (대부호의 저택이 맞다. 이 집은 세계에서

바위 끝에 단단히 자리한 브란 성.
'드라큘라 성'의 첫인상은 소설과 크게 다르지 않았지만,
내부는 완전히 다른 세상이었다.
드라큘라 성이 이토록 소박하고 아늑한 곳일 줄이야.

바닥에 깔려 있는 곰 가죽, 피아노와 벽난로.
아늑해 보이는 브란 성의 거실

두 번째로 비싼 집으로, 가격은 자그마치 1억 4천만 달러다!)

미로를 연상케 하는 어지러운 방의 구조만이 이곳이 요새의 구실을 했던 성이었음을 짐작게 했다. 'ㄷ' 자 형태로 되어 있는 성의 구조는 무척 단단하게 느껴졌고, 나무로 둘러진 테라스에서 바라보는 성의 모습은 낭만적이기까지 했다.

브란 성을 내려오는 입구에는 조잡한 기념품을 파는 가판이 줄지어 있었다. 마늘이라도 주렁주렁 달려 있는 걸 상상했을까. 이빨을 드러낸 드라큘라 형상을 우스꽝스럽게 그려놓은 머그컵과 티셔츠가 눈에 띄었다. 브라쇼브로 돌아가기 위해 버스를 기다리다가 한 일본인 부부를 만났다. 그들은 그곳에서 구입한 치즈에 대해 자랑을 늘어놓았다.

"이곳 치즈는 정말 저렴해요. 몇 덩어리나 샀더니 배낭이 너무 무거운 거 있죠."

동화에나 나올 법한 낭만적인 성, 싸구려 드라큘라 그림, 게다가 치즈 덩어리까지……. 아, 정말 이렇게 매치되지 않는 드라큘라 성이라니. 브란 성은 루마니아 관광 스토리텔링의 완벽한 승리였다.

1 평화로운 마을의 모습 또한 성의 분위기와 크게 다르지 않다. 브란 성에서 내려다본 마을 풍경

2 질 나쁜 기념품이라는 이유로 대충 보고 지나친 나와 달리 일본인 아이는 양손에 한가득 기념품을 들고 나타났다. 의문의 눈길을 보내는 내게 그녀는 말했다. "이곳이 아니면 살 수 없는 물건들이잖아." 물건이 잔뜩 진열된 가판을 볼 때마다 그녀의 말이 떠오르곤 했다.

브란 성 가는 방법

- 브란 성은 브라쇼브 인근에 있어 당일치기로 다녀오기 좋다. 브라쇼브 시외버스터미널에서 브란 성행 버스를 타면 40분 정도 소요된다.
- 헝가리와 묶어서 여행하는 경우 부다페스트에서 열차로 이동할 수 있다. 부쿠레슈티, 또는 교통의 요충지 브라쇼브로 가는 것이 좋으며, 시간이 많이 걸리는 만큼 야간열차를 이용하는 것이 효율적이다. 부다페스트에서 브라쇼브까지 열차로 13~14시간 소요.

브란 성에 갈 때는 오픈 일을 체크할 것!

비성수기에는 월요일 휴무였으나, 인기에 힘입어서인지 연중무휴로 바뀌었다. 시기마다 오픈 시간이 다르니 미리 시간을 체크하고 가자.

- 주소 Str. General Traian Mosoiu 24, Bran
- 운영시간 10.01.~04.30. 월 12:00~16:00, 화~일 9:00~16:00
05.01.~09.30. 월 12:00~18:00, 화~일 9:00~18:00
- 요금 25레이
- 홈페이지 www.bran-castle.com

불가리아 Bulgaria

벨리코투르노보

절벽 위 아슬아슬한 마을 끝에서

벨리코투르노보(Veliko Tarnovo)에서 내가 머무는 숙소는 언덕 꼭대기에 있었다. 아침에 느긋하게 욕실에 들어갔는데, 당황스럽게도 물이 나오지 않았다. 주인 밀레나는 하필이면 오늘 볼일이 있어 이웃 마을에 간다고 했다. 어제 하루 종일 기차를 타고 이곳에 도착해 거의 기절하듯 누웠던 터라 지금 꼴이 말이 아니었다. 거울을 다시 한 번 보고, 밀레나에게 전화를 걸었다.

"밀레나, 여기 지금 물이 전혀 안 나오는데요. 음…… 어떻게 하죠?"

"그래요? 그럴 리가 없는데. 일단은 내가 가 봐야겠네요."

"얼마나 걸릴 것 같아요?"

"제가 좀 먼 곳에 와 있어서, 1시간 반에서 2시간은 걸릴 것 같아요."

한숨이 나왔지만 기다리는 수밖에 없었다. 10분에 한 번씩 수도꼭지를 틀었다 놨다 하면서……. 정확히 2시간 후 돌아온 밀레나는 수도를 열어보더니, 어깨를 으쓱하며 말했다.

"언덕 위에 있는 마을이라 공용 탱크에서 물을 받아 쓰는데, 마침 물이 바닥난 모양이네요. 이런 일이 흔하지는 않은데……."

벨리코투르노보가 예측할 수 없는 도시라는 것은 이때 어렴풋이 알아챘는지도 모른다. 밀레나는 어디에선가 큰 양동이 한 개, 중간 사이즈 대야 두 개에 물을 가득 받아와 욕실 앞에 놓고, 오늘 저녁쯤에는 물이 들어올 것이라 일러줬다. 그 예측하기 어려운 벨리코투르노보의 거리를 지금 나는 걷고 있었다. 벌써 한 시간째였다. 이 작은 마을은 거대한 미로 같았다. 저 멀리 보이는 '아센왕 기마상

(Asenevtsi Monument)'을 향해 가는 길이었지만, 걷고 또 걸어도 거리는 좁혀지지 않았다.

길고 매끈하게 흘러가는 얀트라(Yantra) 강 위로는 날이 선 절벽이 빙 둘러 있고, 산 중턱부터 꼭대기까지 작은 숲과 색색의 집들이 지그재그로 메우고 있다. 벨리코투르노보는 유독 특이한 구조를 가진 도시였다. 처음 여기에 도착해 차를 타고 굽이굽이 이어진 언덕길을 올랐다. 비대칭과 흘러가는 듯한 곡선으로 만들어진 길을 보면서, 도무지 도시 구조가 한 번에 머릿속에 그려지지 않았다. 길 옆에 촘촘히 세워진 집들은 대부분 나무나 돌로 단단하게 올려 있었는데, 기와지붕하며, 돌벽의 모습이 우리나라의 전통 가옥과 비슷해 보였다[이것은 벨리코투르노

불가리아에서 한국의 마을을 보다. 전통마을 아르바나시의 골목에 들어섰을 때, 너무나 익숙한 모습이 보였다. 붉은 기와지붕, 돌로 쌓아 올린 담. 마치 우리나라 시골 마을과 흡사한 풍경이었다.

보 인근에 위치한 '아르바나시(Arbanasi)'라는 마을에서 더 확연히 느낄 수 있다].

한참 멀고도 먼 낯선 대륙, 그것도 유럽에서 우리나라와 유사한 어떤 것을 만나는 것은 흔치 않은 일이다. 한 역사학자는 불가리아가 부여족이 넘어가 세운 나라라고 주장하기도 했다. 그리고 전통 가옥으로 가득한 이 거리를 걷고 있자면 이런 가설이 진짜처럼 느껴지기도 한다.

절벽 위 아슬아슬 올라와 있는 집들. 낯선 나라에서 그들의 삶을 단번에 보여주는 것 중 하나가 집이다. 위태롭게, 하지만 굳건하게 다닥다닥 붙어 있는 집들을 보며, 개미처럼 부지런히 골목을 오르는 벨리코투르노보 사람들의 삶을 생각해 본다.

마을 광장 중앙에 우뚝 서 있는
아센 왕 동상의 모습은 압도적이었다.

한참을 더 헤맨 끝에 겨우 아센 왕 기마상을 찾을 수 있었다. 이 거대한 동상은 높은 곳에서 마을을 내려다봤을 때 가장 먼저 눈에 들어온다. 둥그스름하거나 각진 건물들 사이에서 유독 튀는 입체적인 모양새를 가졌기 때문이다. 하늘을 찌를 듯한 길고 거대한 검을 중심으로 사면에는 말을 타고 있는 아센 왕의 여러 모습이 조각되어 있는데, 넓게 트인 광장에 홀로 서 있지만 존재감만으로도 광장을 가득 채운다. 14세기 아센 왕의 통치하의 벨리코투르노보는 황금시대였다. 불가리아의 수도였을 뿐 아니라(현재 수도는 소피아), 발칸반도 전영을 지배하기까지 했다. 정치·경제·문화·종교의 중심지였으며, 제3의 로마라고 불렸다. 하지만 오스만제국의 침략으로 이 번영도 끝이 나고 말았다. 그리고 지금 남은 것은 허물어지고 낡은 건물의 흔적들뿐. 하지만 과거의 전성기를 기억하려는 듯이 아센 왕 모뉴먼트는 마을의 상징처럼 이곳에 남아 있다.

과거의 영광과 관계없이 이곳을 찾는 사람들의 모습은 평화롭기 그지없었다. 광장을 둘러싼 돌담 위에 앉아 서로를 바라보는 연인들, 바람에 펄럭이는 흰 커튼이 드리워진 카페에 앉아 동상과 풍경을 감상하는 사람들. 그들은 무슨 생각을 하고 있을까. 각기 나름대로의 사연이 있을 테지만 하나의 장소, 하나의 풍경을 공유하고 있는 것만으로도 연대감이 생긴다.

나도 이곳에 잠시 앉아 지쳤던 체력을 회복하기로 했다. 뻥 뚫린 광장의 삼면은 아래로는 얀트라 강이 흐르고 있고, 맞은편으로는 평평하게 깎인 산 절벽에 빽빽하게 서 있는 집들이 보인다. 절벽 바로 위에 있는 집은 아찔해 보이기까지 하는데, 공중에 떠 있는 천공의 섬 '라퓨타'를 보는 것 같았다. 한편으론 저 집에서 얼마간 살아보고 싶은 마음도 생긴다. 샛노랑으로 칠해진 벽과 붉은 지붕, 그리고 1층 테라스 바로 앞쪽으로는 아찔한 절벽이 내려다보이는 저 집 앞의 문을 열고 들어가 "한국에서 온 여행사인데요, 일주일만 이곳에서 머물러도 될까요"라고 묻는다. 그러면 빼빼 마른 몸과 광대뼈가 두드러진 얼굴, 그리고 큰 눈을 갖고 있는 갈색머리의 불가리아 여인이 나와 "얼마든지요" 하면 만사 오케이. 그렇게 된다면 불가리아를 찬양하면서 매일을 테라스에 누워 동상과 사람들을 구경하면서 보낼 수 있을 텐데…….

아쉬움을 뒤로하고 벨리코투르노보에서 가장 유명한 차레베츠 요새(Tsarevets)로 발걸음을 옮긴다. 과거 벨리코투르노보가 번영을 누렸던 것도 이 요새로부터 시작됐으며, 쇠퇴하게 된 것도 이곳을 오스만제국에 점령당하면서부터다. 벨리코투르노보의 흥망이 연결된 곳이니 역사적으로도 중요한 곳임은 물론이며, 이 도

벨리코투르노보의 역사적 중심지, 차레베츠 요새.
지금은 과거 번영의 흔적만 남아 있다.
지는 해가 들어선 요새 터는 더 황량해 보였다.

시에 온 사람들이 빠짐없이 들르는 곳이기도 하다. 요새에 도착했을 때는 해가 지고 있을 무렵이었다.

"이곳은 6시에 문을 닫아요. 지금 입장하면 1시간밖에 못 둘러보는데 괜찮겠어요?"

직원은 입장권을 내어 주며 걱정스럽게 묻는다. 짧은 시간 내에 둘러봐야 한다는 사실에 마음이 조급해진다.

사자상이 지키고 있는 성문을 지나 요새 안으로 들어섰을 때, 안쪽은 생각보다 심하게 훼손되어 있었다. 5~7세기에 건설된 이 차레베츠 언덕에는 왕과 측근들이 살 궁전을 짓고, 궁전을 방어하기 위한 성벽을 쌓으면서 요새가 만들어졌다. 성 안에는 18개의 교회와 수도원, 상점 등이 있었으나, 지금은 거의 부서지고 무너진 성벽들, 그리고 어떤 건물이 있었을 것으로 짐작되는 터밖에 보이지 않는다. 왕궁이 있었다는 터에는 불가리아 국기가 바람에 나부끼고 있었다. 이곳의 대부분은 지금도 유적 발굴이 한창 진행 중이다. 무너진 모든 것 중에서 오직 온전히 살아 있는 건물은 대주교 구교회뿐이었다. 교회는 전쟁에서 홀로 살아온 군인처럼 위풍당당하게 언덕 꼭대기에 서 있었는데, 멀리 보이는 요새의 아름다움은 온전히 이 교회의 몫이었다. 성당 내부에는 현대작가 테오판 소케로프(Teofan Sokerov)가 그린 벽화가 있었다. 종교화와 불가리아 역사를 담은 그의 그림들은 파괴적이고 섬뜩한 느낌이 먼저 들었다. 한 장군이 누군가를 칼로 내리치는 모습, 비틀어지고 메마른 사람들의 표정, 잿빛과 흙색, 적색으로 이뤄진 그림들. 교회를 장식하기에는 파격적이라는 생각이 들었는데, 알고 보니 교회가 재건축될 무렵인 1985년에 그려진 작품이라고 한다.

해가 지기 전에 서둘러 언덕을 내려와야 했다. 아쉬움에 뒤를 돌아봤을 때, 무너진 성터와 돌벽이 해를 받아 황금빛으로 물들고 있었고, 마치 벨리코투르노보의 과거 영광의 시대가 재현되는 듯한 위엄이 느껴졌다. 벨리코투르노보의 도시 이름처럼 위대한 도시로 계속 남아 있기를 바라는 듯이(원래 벨리코투르노보는 투르노보로 불렸으나, 1965년 이 도시의 역사적 가치를 기념하기 위해 great의 뜻이 있는 벨리코라는 명칭이 붙게 되었다……).

골목 끝에서 소녀 둘이 팔짱을 끼고 깡충깡충 뛰어오는 게 보였다. 소녀가 뛸 때마다 새까만 말총머리가 포물선을 그리며 함께 뛰어오른다. 벨리코투르노보에서 머문 지 3일째 되는 날, 나는 이 작은 마을을 거의 해체하다시피 뒤지고 다니고 있었다. 마을은 여전히 내게 미로 같은 곳이었다. 깊숙이 들어가면 갈수록 또 다른 표정이 나왔다. 인적이 드문 이 골목에 들어선 것도 그 수순 중 하나였다. 우연히 마주친 두 명의 소녀와 어색한 눈인사를 하고 지나치려던 차, 충동적으로 그들에게 말을 걸었다.

"너희 사진 찍고 싶은데, 괜찮아?"

당차 보이는 한 아이가 흔쾌히 "OK!"를 외쳤다. 그리고 내 옷자락을 잡아당기며 말했다.

"당키 쪽으로 가요."

아이가 나를 끌고 간 곳은 화려하게 채색된 당나귀가 가득 채워진 벽이었다. 침울한 건물들 사이에 홀로 색을 갖고 있는 곳이었다.

"이 그림 예쁘죠? 여기가 내 아지트예요. 사진은 이 앞에서 찍는 게 좋겠어요."

당차고 똘똘해 보이는 이 아이의 이름은 에일리였다. 그리고 에일리 옆에서 쑥스러운 듯 물끄러미 보고 있는 아이의 이름은 악시라고 했다. 사진을 찍는 에일리의 포즈가 범상치 않다. 한쪽 팔을 척하니 허리춤에 대고 한쪽 골반은 반대편으로 쭉 뺐다. 고개는 45도로 살짝 기울였다. 여러 번 찍어 본 솜씨인데! 에일리와 악시 두 소녀의 모델쇼가 한창 진행될 무렵, 또 다른 누군가가 다가오는 게 보였다. 9~10세 정도 됐을까. 장난기 가득한 까만 눈동자를 갖고 있는 남자 아이이다.

"내 동생 세보예요."

세보는 에일리의 소개가 채 끝나기도 전에 '당키 벽' 앞에 섰다. 당나귀 그림과 세보는 아주 잘 어울렸다. 에일리의 도움을 받아 한껏 포즈를 취하는 세보는 누나 못지않게 적극적이었다.

"너네 거기서 뭐하니?"

세보가 사진 찍는 것에 익숙해질 무렵, 낯선 목소리가 골목에 울렸다. 바로 옆 건물, 2층 발코니에서 빨래를 널던 한 아주머니가 우리 쪽을 내려다보고 있었다.

"엄마, 빨리 내려와요!"

엄마?! 그렇다. 그녀는 에일리의 엄마였다. 그녀는 우리가 사진 찍는 모습을 쭉 보고 있었던 듯했다. 에일리의 말이 끝나자마자 쏜살같이 내려온 그녀 역시 모델로 합류했다. 판이 커졌다. 몇 십 장의 사진을 찍고 나서, 그들은 내게 함께 사진을 찍자고 했다. 두 명이서, 세 명이서, 단체로, 교대로. 나는 슬슬 지치기 시작했다. 에일리는 내 마음을 아는지 모르는지, 집 안에 대고 목청껏 외쳤다.

"오빠! 오빠도 사진 같이 찍자! 빨리 내려와."

요란법석한 사진 촬영은 그 후 한 시간이나 계속됐다(진이 다 빠질 지경이었다). 겨우 마무리 지은 후, 이들에게 이메일로 사진을 보내주겠다고 했다. 에일리는 이메일 주소를 적어 내게 건넸지만, 에일리의 엄마는 그걸로는 성에 차지 않는 모양이었다. 손으로 대문을 가리키며 뭔가를 안으로 넘기는 시늉을 계속 반복했다. 어리둥절한 내 표정을 보며 세보는 옆에서 계속 킥킥대며 웃고 있었다. 에일리는 우편으로 사진을 보내달라는 이야기라고 했다. 그리고 집 주소까지 적어서 건넸다. 우편으로까지? 조금은 과한 요구가 아닌가 생각하고 있을 무렵, 에일리의 엄마는 종이 한 장을 꺼내 내게 건넸다. 컬러 프린트로 출력한 사진이었다. 그 안에는 갓난아기가 웃고 있었다.

"손자예요. 첫째딸이 낳은 아이죠. 정말 예쁘죠?"

화질이 무척 나쁜 이 사진은 거의 모자이크 수준이었다. 아이가 웃고 있는 것도 아주 자세히 들여다봐야 알 수 있을 정도였다. 종이 귀퉁이는 닳아 있었고, 에일리의 엄마는 조심스럽게 사진을 접었다. 이런 그들이 멀쩡한 가족사진을 갖고 있을 리 없었다. 나는 에일리의 엄마에게 한국에 가면 사진을 꼭 우편으로 보내주겠다고 약속했다.

그들과 헤어져 큰길로 다시 들어섰을 때 아이들이 멀찍이 떨어져 나를 따라오는 것이 보였다. 아랑곳하지 않고 걸었지만 간격은 좁혀졌고, 어느새 내 옆에는 에일리가 서 있었다. 그리고 아이들은 내 눈치를 보더니, "초콜릿, 과자"를 외치기 시작했다. 마침 아침에 숙소에서 챙겨온 초코바가 있어 몇 개 건네줬지만, 그걸로 만족하지 못하는 눈치였다. 슈퍼마켓 앞을 지날 때는 노골적으로 "여기요, 여기!"라고 소리쳤다.

골목 어귀에서 만난 에일리 가족. 왼쪽부터 에일리, 에일리의 엄마, 악시, 세보

그 순간 루마니아에서 봤던 집시 아이들이 떠올랐다. 집시들의 천국 루마니아. 루마니아에 도착하자마자 손을 벌리고 달려드는 아이들을 만

났다. 끊임없이 무언가를 달라며 졸졸 쫓아다녔고, 심지어 돈을 출금할 때 비밀번호까지 훔쳐보는 것에 경악했다. 기차역에서는 갓난아이를 안고 돌아다니며 사진을 찍는 대신 돈을 달라며 구걸을 하는 젊은 여성도 만났다. 다 큰 청년부터 작은 아이까지 열댓 명의 아이들이 몰려다니며, 불량배처럼 관광객을 둘러싸고 돈을 구걸하는 모습도 여러 차례 목격했다. 도적 떼 같은 집시들의 모습이 이미 내게 낙인 찍히듯 박혀 있었다.

그리고 이 아이들도 그들과 별반 다르지 않다는 생각이 들기 시작했다. 아까 사진을 찍은 것도 내게 마음을 연 것이 아닌, 무언가를 얻기 위한 수단이었다. 내가 이들의 수법에 놀아났다는 생각이 들자 한순간 마음이 싸늘하게 얼어붙었다.

"에일리, 이제 그만 혼자 있고 싶으니까 따라오지 마."

에일리는 눈치가 빠른 아이었다. 냉정한 내 목소리에 뭔가 잘못되었다는 것을 깨달은 듯했다.

"아, 미안해요. 가던 길 가세요. 잘 가요……."

아이들은 뒤돌아섰고, 나도 뒤돌아 걸었다. 몇 걸음을 떼며 복잡한 심경을 달래는 순간, 정신이 번뜩 들었다. 혼자 여행한 지 꽤 시간이 흘렀을 때였다. 모처럼 누군가와 함께하며 이렇게 마음 놓고 왁자지껄 떠든 것도 오랜만이었다. 설상 대가를 바란 것이라 할지라도, 그 작은 아이들이 얼마나 많은 것을 바라겠는가. 뒤를 돌아봤을 때, 아이들은 벌써 사라지고 보이지 않았다. 뒤늦게 극심한 후회가 밀려왔다.

한국에 왔을 때, 한 방송 프로그램에서 법륜 스님은 인도에서 있었던 이야기를 들려주었다. 인도에 성지순례를 갔을 때, 갓난아기를 안고 있는 여자가 스님에게 다가왔다. 그녀가 스님을 이끌고 갔던 곳은 식료품 가게였다. 걸인은 스님에게 아기의 분유를 사달라고 했지만, 스님은 외면했다. 분유 가격은 60루피. 스님은 1루피 이상은 적선하지 말라는 가이드의 조언을 들었던 터였다. 숙소로 돌아온 스님은 60루피를 환산해보았는데, 한화로 2,400원이었다고 한다. 그리고 부끄러움을 느꼈다고 했다. 굶는 아이를 위해 분유 한 통을 사달라는 요청을 전 재산을 달라는 것마냥 뿌리치고 왔기 때문이었다. 이 깨달음으로 스님은 아이들을 위해 여러 구호활동을 하기 시작했다.

나 역시 후회와 함께 밀려든 것은 부끄러움이었다. 에일리의 상처 입은 듯한 표정이 눈앞에 아른거렸다. 무엇이 내 마음을 그렇게 싸늘하게 만들었던 걸까. 순간의 선입견과 자기만의 생각에 갇힌 것이 얼마나 어리석은지, 또 다른 사람에게 얼마나 상처가 될 수 있는지. 그것은 무엇보다 내게 크나큰 상처를 줬다.

아직까지도 바쁘다는 핑계로 에일리 엄마와 한 약속을 못 지키고 있다. 지금 그 사진을 보낸다면, 에일리의 가족들은 나를 기억할까. 그저 지나갔던 한 여행자로 기억할까 아니면 싸늘했던 내 모습을 담아두고 있을까. 그들이 나를 어떻게 기억하건 상관없을 것 같았다. 그저 이 사진을 받고, 에일리의 엄마가 또 다른 누군가에게 "이거 우리 가족사진이에요" 하고 자랑스럽게 내밀 수 있다면, 그것만으로 충분했다.

이 작은 마을에 3일간 머물렀다.
그들은 나를 호기심 어린 눈초리로 쳐다봤고,
나 역시 이 마을을 낯설어하며 둘러봤다. 차우차우.
그들과 쉽게 인사를 나눌 수 있게 될 무렵,
이곳을 떠나야만 했다.

벨리코투르노보 가는 방법

- 수도인 소피아에서는 버스를 타고 가면 된다. 버스는 30분~1시간 간격으로 자주 있다. 약 3시간 소요.
- 루마니아에서 열차로 들어갈 수도 있다. 브라쇼브 또는 부쿠레슈티에서 출발한다. 브라쇼브에서 출발할 경우 부쿠레슈티를 경유해서 간다. 각 6시간, 9시간 소요.

* 열차를 타고 도착할 경우, 열차역이 구시가지 언덕에서 떨어져 있기 때문에 택시나 숙소의 무료 픽업서비스를 이용하는 편이 좋다(버스터미널은 구시가지 내에 있어 도보로 이동 가능).

친절한 밀레나, 벨리코투르노보의 숙소

벨리코투르노보에서 내가 머문 곳은 현지인이 운영하는 B&B였다. 시내에서 가까운 위치, 다락방 같은 아늑한 내부, 그리고 나무 난간이 있는 테라스, 푸짐한 아침식사. 모든 것이 마음에 들었지만 나를 가장 기분 좋게 만들었던 것은 이곳 호스트, 밀레나였다. 그녀는 내가 만났던 호스트 중 가장 친절한 사람이었다. 매일 아침 방문을 똑똑 두드리며 쟁반에 넘쳐날 만큼 푸짐한 아침을 배달해준다. "밀레나, 이러이러한 게 필요한데요"라고 하면 마법처럼 짠하고 모든 것을 해결해줬다. 벨리코투르노보에서 보낸 시간들이 따뜻하다고 느끼는 이유 중 하나는 밀레나 때문이기도 하다. 더불어 매일 테라스에서 식사하며 확 트인 벨리코투르노보의 전경을 보는 것도 좋았다.

* Trendy Inn(www.trendyinn.hostel.com)

- 주소 10th February Street 3 Veliko Turnovo, 5000(요청 시 무료 픽업)
- 전화번호 +359887702911
- 요금 더블룸 35~45유로(조식 포함)

불가리아 전통마을, 아르나바시

벨리코투르노보에서 택시를 타고 10분 정도 들어가면 작은 마을, 아르나바시로 갈 수 있다(벨리코투르노보에서 천천히 걸어가는 것도 좋다. 1시간 소요). 아름다운 고저택이 모여 있는 전통마을로 천천히 걸어서 산책하기에 좋은 곳이다. 놀라운 것은 골목 풍경이 우리나라 전통 마을과 무척 닮아 있다는 것. 언덕 위에는 전망 좋은 레스토랑이 많아, 시원하게 펼쳐지는 시골 마을 풍경을 보며 식사하는 것도 근사한 경험이다. 아르나바시에서 가장 아름다운 저택으로 알려진 콘스탄차리에프 하우스(Konstantsalieva's house),

가장 오래된 교회인 성탄교회(Nativity Church)가 유명하며, 골목 곳곳에는 전통 공예품을 파는 가게들이 있어 구경하는 재미도 쏠쏠하다.

몰래 찍은 사진을 파는 남자

벨리코투르노보 골목 어귀를 걷고 있을 때, 딱 봐도 사진가로 보이는 남자가 거대한 카메라로 내 모습을 찍었다. 여행 중인 사진작가인가 보다 하고 그냥 지나치려던 차, 남자가 와서 내 모습이 찍힌 사진을 보여주며, 흥정을 하기 시작했다. 5레바(약 4천 원)만 내면 사진을 이메일로 보내준단다. 가방에서 커다란 액자를 꺼내며 돈을 조금 더 내면 이렇게 액자로도 만들어준다고 한다. 혼자 하는 여행에서 잘 나온 독사진은 생각보다 귀하다. 가격도 나쁘지 않아 속는 셈치고 돈을 지불하고 이메일을 적었다. 정확히 이틀 후 이메일로 사진이 들어와 있었다. 이 정도면 여행자도 사진사도 나쁘지 않은 거래였다.

오스트리아 Austria

장크트볼프강

마리아가 도레미 송을 부르던 산으로

유람선 안은 사람들로 북적였다. 창밖으로 떨어지는 부슬비에 볼프강 호(Wolfgangsee)의 잔물결이 일렁였고, 호수를 둘러싼 잘츠카머구트 산악지대는 먹구름으로 뒤덮여 있었다. 지금 나는 샤프베르크(Schafberg) 산으로 향하는 중이었다. 영화 〈사운드 오브 뮤직〉에서 마리아와 일곱 아이들이 함께 '도레미 송'을 불렀던 곳, 눈이 시릴 정도의 푸른 초원이 세상 끝까지 펼쳐져 있을 것 같은 곳, 실존하는 세상일까 싶을 정도로 환상 속 기억으로 남겨진 그곳에 드디어 가게 된 것이다. 어젯밤부터 달뜬 마음으로 잠까지 설치며 이른 아침에 숙소를 나섰는데, 기어이 비가 오고야 만다. 무엇이든 과하게 갈망하거나 기대하면, 항상 장애물이 나타나기 마련이다. 삶의 중심을 잡아주려는 것처럼 늘 그래 왔다.

유람선 안은 사각테이블이 다닥다닥 붙어 있는 형태였다. 내 맞은편에는 한국인 두 명이 앉아 있었는데, 휴가를 맞아 열흘간 체코와 오스트리아를 여행하는 중이라고 했다. 오랜만에 한국어로 나누는 '제대로 된 대화'라 이야기를 쏟아냈다. 이들보다 먼저 체코에 다녀온 나는, 여행에서 있었던 일화를 여럿 들려줬다.

"프라하에서는 프리투어를 하세요", "체스키도 좋았지만, 쿠트나호라의 해골성당이 독특했어요", "할슈타트에는 어제 비가 와서……", "다흐슈타인에는 눈이 쌓였더라고요."

대화가 정점에 달했을 무렵 목적지인 장크트볼프강(St. Wolfgang)에 도착했고, 다행히 비는 멎어 있었다.

100년 전통을 지닌 빨간 산악 열차는
샤프베르크 산의 또 다른 볼거리다.

샤프베르트 정상에 올라가기 위해서는 등산열차를 타야 했다. 100년이나 됐다는 이 열차는 붉은 유화 물감에 푹 담갔다가 금방 꺼낸 것처럼 생생한 빛이 났다. 흰 연기를 내뿜으며 푸른 산등성이를 타고 오르는 빨강 열차. 이토록 〈사운드 오브 뮤직〉과 잘 어울리는 입장이 있을까. 천천히 산을 오르는 열차 밖으로는 그림 같은 풍경이 펼쳐진다. 푸른 초원, 그 위에 콕콕 보석처럼 박혀 있는 집들, 새파랗다 못해 창백해 보이는 호수, 물안개가 서린 산등성이. 창문에 콧등을 붙이고 감탄사를 연발할 때 열차 안에서는 독일어로 된 안내방송이 나오고 있었다.

"알아들을 수 있겠어요?"

샤프베르크 산에 대한 이야기이겠거니 흘려듣고 있을 때, 맞은편에 앉은 한 여자가 물었다. 휴가차 오스트리아에 놀러 왔다는 이 독일인은 고맙게도 방송 내용을 모조리 영어로 통역해 주었다. 당당하고 활발한 그녀는 말을 끝낼 때마다 시원스러운 미소를 지었는데, 그 모습이 마리아와 무척 닮았다는 생각이 들었다.

"어느 도시들을 여행했어요?"

그녀는 내가 다녔던 도시들에 대해 궁금해했고, 독

일에 다녀온 이야기를 꺼내자 대화의 중심은 독일에 대한 것으로 이어졌다.

"독일에서 가장 좋았던 곳은 '베르히테스가덴'이었어요."

베르히테스가덴(Berchtesgaden)은 독일 남쪽 끝에 있는 작은 시골마을이다. 이곳에서 이틀간 머물렀는데, 히틀러 별장인 켈슈타인하우스(Kehlsteinhaus)와 바츠만 산(Watzmann)의 암벽으로 둘러싸인 쾨니히 호수(Koenigssee)에서 무척 느긋한 시간을 보냈다. 독일에 이런 도시가 있었나 싶을 정도로 아름답고 평화로운 마을이었다. 하지만 내 발음이 형편없었던 건지, 그녀는 그곳이 어디인지 도통 알아듣지 못했다. 결국 주변에 앉은 몇 명의 독일인들까지 합세해 '베르-'로 시작하는 그곳이 과연 어디인지 토론을 벌이는 웃지 못 할 상황이 벌어지고 말았다. "히틀러 하우스가 있는 곳!"이라는 말을 듣고서야, 다들 "아하!"라고 외쳤고, 제대로 된 독일 발음을 익히기 위해 몇 명에게 돌아가며 과외를 받아야만 했다.

등산열차는 산 중턱에서 한 번, 정상에서 한 번 정차를 한다. 중간 정류장에 열차가 정차하자 대부분의 사람들이 내릴 준비를 했고, 나는 정상에 먼저 오르기로 했다. 열차에는 3~4명 정도의 사람만이 남았다. 정상을 향해 달려 갈수록 열차는 심하게 덜컹거렸다. 어찌나 진동이 심한지 열차가 분리되지는 않을까 진심으로 걱정이 될 정도였다. 그렇게 도착한 정상은 뿌옇다 못해 새하얀 안개로 뒤덮여 있었다. 오늘 아침부터 내린 비 때문이었다. 게다가 바람은 몸을 가눌 수 없을 만큼 심하게 불었다. 아예 등반을 포기한 채 열차 근처에서 서성이는 사람이 몇 있었고, 몇 명은 앞서서 걷기 시작했다. 나는 그들에 합류했다. 앞서 가던 사람은 안개에 묻혀 금세 지워지듯 없어졌다. 한 치 앞도 보이지 않을 정도였지만 감을 믿고 걷는 수밖에 없었다. 산 정상으로 보이는 곳에 올라오니, 이곳 사정은 좀 나았다.

<사운드 오브 뮤직>의 마리아가 자유롭게 노래했던 이 산에 발을 디딘 순간은 감동적이었다.
벤치에 앉아 눈부신 마을 풍경을 내려다보기도 하고, 초원을 마음 내키는 대로 걷기도 했다.

안개는 옅어졌고, 흐릿하게 풍경이 눈에 들어오기 시작했다. 그때, 사정없이 바람이 불더니, 남아 있던 안개를 한 번에 날렸다. 그리고 눈앞에 펼쳐진 눈부신 풍경들. 나는 절벽 끝에 서 있었다. 그 아래로는 뭉게구름이 솜털 카펫처럼 끝없이 펼쳐졌고, 산 아래에 푸른 산등성이와 에메랄드 빛 호수가 보였다. 하늘 위를 걷는 기분이 이런 걸까. 어느새 올라온 몇 명의 관광객들도 연신 감탄사를 내뱉었다. 바로 옆길에 있는 레스토랑에서는 차를 마시고 있는 사람들이 보였다. 이 산의 높이는 1,780m. 이 멋진 풍경을 보며, 차를 마시는 것은 산꼭대기에서 누릴 수 있는 가장 낭만적인 사치였다. 하지만 이것은 감동의 서막에 불과했다. 다시 기차를 타고 산 중턱으로 내려선 순간 영화 〈사운드 오브 뮤직〉의 그곳에 나는 들어와 있었다. 지천이 푸른 잔디로 깔린 사방에서 상큼한 풀냄새가 났다. 꽃 사이로 펄럭이는 나비 떼가 보인다. 낙원이 있다면 바로 이곳과 가장 흡사할 것이다. 아까 산 중턱에 내린 사람들은 대부분 정상으로 올라간 모양이었다. 덕분에 이 아름다운 길을 나 홀로 독차지하게 됐다. 푸른 산등성이를 걷다 다리가 아플 때쯤에는 벤치에 앉아 사과를 베어 물며 마을과 새파란 호수를 내려다보기도 했고, 산을 걸어 올라오는 사람들과 마주치면 눈인사를 나누었다. 이곳에서 무엇보다 놀랍고 감격스러웠던 것은 초원의 색이었다. 여태껏 봤던 어떤 들판보다 푸르디 푸르렀다. 햇빛이 반사되어 튕겨져 나오는 환상적인 초록빛은 눈으로 직접 봤을 때 그 참 색을 느낄 수 있을 것이다. 나는 내가 마리아라도 된 양 그 풀밭을 원 없이 헤집고 다녔다.

하[illegible] 환상적인 여행도 그걸로 끝이었다. 산 아래까지 내려가는 열차를 그만 놓치고 만 것이다. 전광판을 보니 다음 열차는 1시간 후에나 있다. 설상가상 해가 쨍하던 날씨가 급변했다. 비구름이 산을 에워싸며 가느다란 실비를 흩뿌리기 시작했다. 정류장에 앉아 버티다가 결국 거세게 불어오는 비바람에 못 이겨 근처 레스토랑으로 피신했다. 트레킹을 하는 사람들이 주로 쉬어가는 쉼터 같은 곳이었다. 입구로 들어섰을 때, 쫄딱 젖어 있는 나를 보며 덩치는 산만하고 얼굴에는 수염이 무성한, 한마디로 거칠어 보이는 남자들이 맥주잔을 들어올리며 '웰컴!' 하고 반겼다. 그들에게 손을 흔든 후, 차를 주문하고 테이블이 있는 방으로 들어갔다. 그곳에는 대가족으로 보이는 열댓 명의 사람들이 모여 있었다. 흘끔흘끔 훔쳐보는 아이들의 시선이 이제는 익숙하다. 갓 나온 뜨거운 홍차를 마시며 카메라를 만지작거리고 있으니, 옆에 있던 한 남자가 내 사진을 찍어 주겠다고 말한다. 혼자 여행하다 보면, 내 사진을 찍을 기회가 없어, 이런 제안은 무조건 환영하며 카메라를 넘긴다. 아, 그런데 열댓 명의 시선이 모두 집중되는 이 민망한 상황이란! 나를 훔쳐보던 아이들은 뭐가 그리 재밌는지 킥킥거리기 시작했다. 청년은 아랑곳하지 않고 여러 장 내 모습을 사진으로 담는다. 쑥스러움이 절정에 달하는 순간, 레스토랑 주인 할아버지가 때마침 방으로 들어왔다. 그는 친절하게도 다음 열차 시간을 꼼꼼하게 체크해 준다.

"이제 30분 남았으니까, 꼭 시간에 맞춰서 정류장에 나가요." 그리고 덧붙이는 말, "샤프베르크에서 좋은 시간 보냈어요?"

"정말 좋았어요. 이렇게 아름다운 곳은 본 적이 없어요."

그 말에 맞춰 킥킥대던 아이들은 박수를 짝짝 쳤고, 사진을 찍어 줬던 남자는 엄지손가락을 치켜올리며 동의의 뜻을 보냈다. 방 안에 감돌던 추위와 어색함은 어느새 사라지고 따뜻한 온기가 방을 데웠다.

샤프베르크 산 가는 방법

샤프베르크는 잘츠카머구트의 장크트볼프강 지역에 있다. 보통 할슈타트에서 잘츠부르크로 가는 도중에 들르는 경우가 많다.

- 할슈타트에서는 포스트버스를 타고 바트이슐(Bad Ischl)까지 간 후, 그곳에서 546번 버스를 타면 된다.
- 볼프강에서 가까운 마을인 장크트길겐(St. Gilgen)에서 가는 경우, 유람선을 타고 샤프베르크 역(St. Wolfgang Schafbergbahn)에서 하차하면 된다. 장크트 길겐에서 갈 경우 콤비네이션 티켓을 구입하는 것이 좋다. 유람선+산악열차 44유로.

* 샤프베르크 산악열차 www.wolfgangseeschifffahrt.at

샤프베르크 산 여행 방법

산악열차를 타면 산 중턱에서 한 번, 정상에서 한 번. 이렇게 총 두 번 정차를 한다. 중간 정류장에 먼저 내려서 한 바퀴 산책을 한 후 정상으로 올라가는 순서가 일반적이다(중간 정류장에서 정상까지 트레킹으로 올라갈 수 있다). 물론 그 반대 순서도 괜찮다. 정상을 먼저 올라갈 경우, 한적한 산을 홀로 산책할 수 있다는 점이 장점이다. 나는 뭣도 모르고 정상을 먼저 올라갔는데, 덕분에 산을 홀로 독차지하며 마음껏 돌아다닐 수 있었다. 산 정상과 중턱에 레스토랑이 있지만, 빵이나 과일 같은 간단한 먹거리를 챙겨가는 것도 좋다. 산 중턱의 벤치에 앉아 눈부신 풍경을 감상하며 식사하는 것은 무척 황홀한 경험이었으니!

- 열차 운행시간 상행 9:15~15:00 / 하행 10:15~16:55
- 요금 22유로

조용한 마을, 장크트길겐에서의 하룻밤

조금 한적하고 조용한 마을에서 하루를 보내고 싶다면 장크트길겐을 추천한다. 장크트볼프강과도 가까워 샤프베르크 산까지 당일에 다녀올 수 있는 지역이다. 장크트길겐은 '모차르트 어머니가 살았던 마을'로 알려져 있다. 시청 앞에는 바이올린을 연주하는 모차르트 동상이 있고, 상점에서는 모차르트 초콜릿, 인형 및 소품 등 모차르트를 내세운 각종 기념품을 쉽게 볼 수 있다. 그리고 지금은 박물관으로 쓰이는 모차르트 어머니의 생가도 빼 놓을 수 없다. 하지만 모차르트에 대해 여간 관심 있는 사람이 아니면 이곳에서 모차르트 흔적은 눈에 들어오지 않을 것이다.
마을 중심지에서 10분 정도 걸으면, 시원한 볼프강 호(Wolfgangsee)의 풍광이 눈앞에 펼쳐진다. 볼프강 호는 10.5km에 걸쳐 길게 뻗어 있는 거대한 호수로 호수 전체가 잘츠카머구트 산악지대로 완전히 둘러싸여 있으며, 깨끗하고 투명한 빙하물이 호수를 가득 메우고 있다. 이 때문에 여름에는 휴양지로 이 지역을 찾는 관광객도 많다. 마을 전체는 한 시간 정도면 충분히 돌아볼 수 있다. 마을의 집들은 주황, 파랑, 노랑 온갖 파스텔 색으로 치장해 화려하면서도 모양새는 단정하며 'ZIMME FREI(빈방 있음)'라는 깃발이 걸려 있는 집들도 심심치 않게 볼 수 있다. 대부분의 관광객들은 이곳을 잠깐 둘러보고 떠나는 경우가 많아 늦은 오후쯤 되면 마을은 텅 비는데, 덕분에 이곳에서 지쳤던 몸과 마음을 달래며 편히 쉴 수 있었다.

셋,

동유럽 속 숨은 매력을 찾아서

체코 Czech

프라하

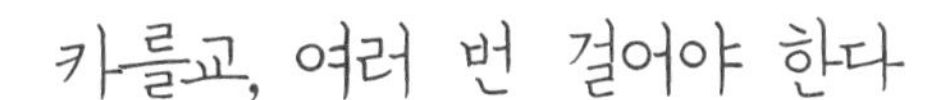

카를교, 여러 번 걸어야 한다

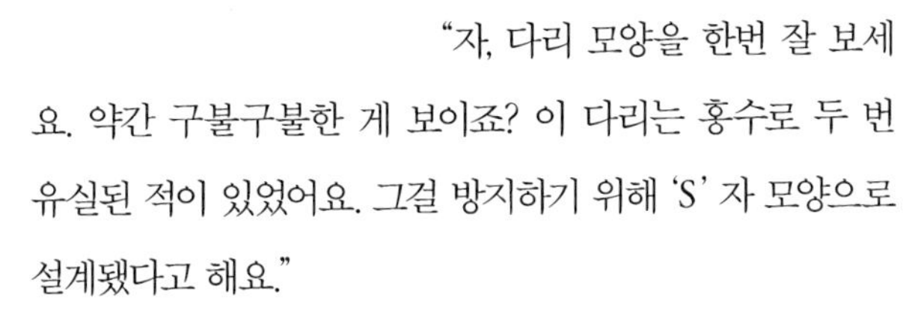

"자, 다리 모양을 한번 잘 보세요. 약간 구불구불한 게 보이죠? 이 다리는 홍수로 두 번 유실된 적이 있었어요. 그걸 방지하기 위해 'S' 자 모양으로 설계됐다고 해요."

자세히 보니 카를교(Karlův Most)의 모양은 묘하게 굽어 있었다.

프라하(Praha)에 도착한 첫날, 나는 프라하의 주요 관광지들을 순회하는 투어에 참여하고 있었다. 프라하에 대한 사랑과 열정을 갖고 모인 젊은이들이 운영하는 무료 투어 프로그램이었다. 관광지 곳곳에 숨은 이야기들은 프라하 여행에 한층 더 생기를 불어넣었다. CF 속 소지섭이 걸었다던 유카사렌(U kasaren) 거리, 6천여 개의 다이아몬드로 치장했던 콜로라토바(Kolowratova) 백작 부인 이야기, 오스트리아 침략 흔적을 그대로 남겨 둔 프라하 성문이라든가, 프란츠 카프카의 생가가 있는 황금소로(Golden Lane)까지. 오스트리아·체코·독일 세 나라에서 우리네 사람이라고 우기는 사람이 '카프카'인 반면, 당신네 나라 사람이라고 떠넘기고 있는 인물은 '히틀러'라는 가이드의 이야기를 듣고는 웃지 않을 수 없었다.

카를교는 투어 일정의 마지막 코스였다. 다리 양 끝에는 고딕 양식의 거대한 타워가 우뚝 솟아 있었고, 난간에는 30개의 체코 성인 동상이 서 있었다. 이 아름다운 장식들이 없었다면 카를교도 밋밋하고 평범한 돌다리에 지나지 않았을지도 모른다. 카를교는 처음부터 '특별한 다리'로 여겨진 모양이었다. 카를 4세(Karl IV)는 별자리와 길조인 시간을 점쳐 1372년 9월 7일 5시 31분에 정확히 다리를 짓도록 했으며, 회반죽에 우유와 와인을 섞어 다리가 오랜 세월 굳건하기를 기원했다. 그리고 50년이 지난 후에야 지금의 다리 형태가 완성됐다. 영원히 그 자리에 우뚝 서 있기를 바라는 체코인들의 염원이 담겨 있는 카를교는 전 세계 사람들의 사랑을 받기에 충분해 보였다.

카를교에 도착했을 때는 해가 질 무렵이었다. 카를교 위에서는 노을에 붉게 물든 블타바 강과 언덕 위에 높게 솟은 프라하 성이 한눈에 보였다. 이 아름다운 풍경을 보고 있자니 첫사랑이 그리워지는 것 비슷하게 가슴이 아련해졌다. 강철 가슴을 가진 사람이라도 카를교의 풍경을 보면 마음이 무너질 수밖에 없을 것이다. 천년의 역사가 담긴 카를교에 반하는 건 순간이었다. 그리고 프라하에 머무는 동안 시간이 날 때마다 카를교를 찾았다.

카를교를 다시 한 번 찾은 것은 예술가들의 그림을 사기 위해서였다. 투어에서 만난 K는 이곳을 떠나기 전 프라하의 풍경이 담긴 그림을 사고 싶다고 했다. 나 역시 마음이 가는 도시에서 가장 먼저 찾는 기념품은 그곳의 풍경을 담은 그림이었다. 도시의 풍경을 예술가의 주관적인 시선과 감각으로 담은 그림이야말로 색다르게 도시를 기억할 수 있는 훌륭한 기념품이다. 프라하의 그림은 구시가지 골목길 사람들의 사랑을 이토록 받고 있는 다리가 있을까. 카를교에는 매일 전 세계 수많은사람들이 모여든다.
하얀 면사포를 쓴 신부가, 난간에 거꾸로 선 비보이가, 그리고 화가와 악단이 이곳을 축제의 다리로 만든다.
그들은 여행자의 박수와 기쁨의 환호를 받고, 여행자들은 그들의 활력을 닮는다.
카를교는 프라하의 여러 얼굴을 볼 수 있는 프라하의 축소판이 아닐까.

에서 쉽게 볼 수 있었다. 카를교, 천문시계, 구시가지 광장, 프라하 성 같은 주요 명소를 수채화, 유화로 그린 다양한 크기의 그림 수십, 수백 장이 상점에 걸려 있었다. 하지만 진짜 그림은 카를교에 있었다. 카를교에는 항상 같은 자리에 앉아 그림을 그리는 예술가들이 있는데, 이곳에서 그림을 그리고 판매하기 위해서는 국가에서 지정한 자격증을 갖고 있어야 한다고 했다. K와 나는 기대에 부풀어 독특한 작품이 가득한 다리 위 전시장에 올랐다.

해가 머리 위로 솟았을 때 들른 카를교는 어제보다 한층 더 생기 넘쳤다. 북적이는 관광객들은 다리 위에 활력을 불어넣는다. 연주자들은 손가락으로 탭댄스를 추듯 신나게 타악기를 두드리고 있었다. '탁탁탁' 하는 경쾌한 소리가 다리 위로 스며들었다. 웨딩드레스를 입은 신부, 거대한 비눗방울을 만들어 하늘 높이 띄우는 모습은 이곳에서만 볼 수 있는 작은 이벤트 같았다.

"어제 왔는데도 다른 곳에 온 것 같은데? 여긴 몇 번 와도 지겹지 않을 것 같다."

우리는 들뜬 마음으로 몇 번이고 다리 위를 거닐었다. 카를교의 활력에 취해 본격적으로 그림을 보기 시작한 것은 꽤 시간이 지난 후였다. '인정받은 예술가들의 작품'이라는 것을 알고 있어서인지, 다리 위 그림들은 대부분 화려하고 우아해 보였다. 화가들의 스타일마다 개성이 뚜렷한 것도 특징이었다. 정교함이 돋보이는 카를교 그림, 프라하 성을 배경으로 한 추상화, 화려한 채색의 그림에 눈이 즐거웠다. 반면 카를교 위 대부분의 화가들은 관광객에게 관심이 없어 보였다. 풍경을 보며 스케치를 하는 화가가 대부분이었고, 신문을 읽거나 지나가는 사람들을 멍하니 바라보는 화가도 있었다. 예술가의 자존심 때문일까. 굳이 나서지 않아도 그림이 잘 팔리기 때문일까. 이유야 어찌 됐건 고고한 예술가들의 태도는 마음에 들었다. 구시가지에서 도를 넘는 호객 행위를 실컷 경험한 뒤였다.

우리가 다가갔을 때 유일하게 적극적인 화가도 있었다. 아마 이곳에 온 지 얼마 되지 않은 사람이리라. 그는 쉴 새 없이 작품의 의도를 설명했다.

"이 그림 어때요? 카를교 이쪽 풍경과 저쪽 풍경을 그린 건데, 당신 마음에 들었으면 좋겠어요."

너무나 열정적인 그의 설명에 고마운 마음까지 들었지만, 우리는 그냥 그곳을 빈손으로 나왔다. 몇 번이고 여러 그림을 들었다 놨다 했지만, 정작 아무것도 살 수 없었다. 그림은 훌륭하지만 마음에 쏙 와 닿는 그림이 없다는 것이 그 이유였다. 카를교를 떠날 때 눈요기만 실컷 하고 정작 대가는 지불한 것 같지 않아 마음 한구석에 미안함이 일었다. 그리고 이곳에서 그림을 사지 않은 것이 여행 내내 마음에 걸렸다.

카를교에 두 번째로 발을 디뎠을 때는 어둑해질 무렵이었는데, 이곳은 프라하의 밤 중 가장 빛나는 곳이었다. 색색의 조명이 켜질 무렵 카를교는 한층 더 화려한 옷을 입었다. 다리에서 블타바 강 너머로 프라하 성이 환하게 빛을 발하고 있는 것이 보였다. 유럽의 3대 야경이라 불릴 만한 아름다운 풍경이었다. 야경을 카메라에 담기 위해 모여든 관광객들의 감탄사와 셔터소리가 강 너머로 흩어졌다. 낭만의 극치인 카를교의 밤거리를 지그재그로 걷고 있으려니 그 안의 세계에 빨려가는 느낌이 들었다.

카를교에서 가장 동화 같은 이야기는 '소원을 이루어 주는 동상'이 있다는 것이다. 카를교 중간에 있는 성 요한 네포무크(St. John of Nepomuk)의 동상이 그것인데, 이 앞은 소원을 빌려는 사람들로 항상 북적였다. 세 번째 카를교를 찾았을 때, 나는 북적이는 사람들 틈에서 소원을 빌기 위해 줄을 섰다. 이 동상에는 전해져 내려오는 이야기가 있다.

소원을 이루어 준다는 성 요한 네포무크 동상.
소원을 빌러 온 사람들에 의해 닳고 단
동상의 흔적이 보인다.

바츨라프 4세(Václav IV)의 왕비 소피아는 프라하의 주교 요한 네포무크에게 외도한 사실을 고해성사한다. 심복을 통해 이 사실을 알게 된 왕은 네포무크 신부를 불러 고해성사의 내용이 무엇이었는지 추궁한다. 하지만 신부는 끝까지 비밀을 지켰고, 결국 왕은 네포무크 신부의 혀를 자르고 몸을 토막 내 강에 던졌다고 전해진다. 그 후의 이야기는 지어낸 것에 가까워 보인다. 그로부터 며칠 후, 신부의 시신이 블타바 강 위로 떠올랐는데, 시신에서 눈부신 빛이 쏟아졌다고 한다. 그 이야기를 전해들은 왕은 자신의 잘못을 깨닫고 신부의 시신을 회수해 은으로 장식된 아름다운 묘를 지어주었다(네포무크 신부의 묘는 현재 프라하 성 내 비투스 대성당에 안치되어 있다).

그것이 진실이든 거짓이든 간에, 강인한 신념의 상징이 된 요한 네포무크 신부

앞에서 소원을 이야기하는 것은 그럴 듯해 보였다. 차례를 기다리는 사람들 사이로 수많은 사람들의 손길이 닿아 이제는 변색된 동상의 일부가 보였다.

나는 다음날 그리고 그 다음날도 여지없이 카를교를 찾았다. 어느 날은 다리 난간 위에서 물구나무를 하고 있는 소년을 봤다. 가까이에서 보니 비보이 댄스를 선보이고 있는 것이었다. 레몬색 티셔츠를 입은 소년은 서너 개의 붉은 장미를 입에 물고 있었다. 난간 위에서 아슬아슬하게 이어지는 댄스가 위험한 것임에도 그렇게 느껴지지 않았다. 자유롭게 몸을 움직이고 있는 소년의 뒤로 하루 종일 뜨겁게 카를교를 달구었던 해가 지고 있었다. 한바탕 묘기를 부리고 난 후 소년은 사람들에게 장미꽃을 내밀었다. 어떤 다른 유명한 다리에서도 이처럼 자유롭고 열정적인 사람들이 많은 곳을 볼 수 없었다. 갖가지 악기로 달콤한 연주를 하는 연주자들, 프라하만의 색이 담겨 있는 그림을 내놓는 화가들, 춤과 묘기를 부리는 사람들과 전 세계에서 온 사람들이 한데 어우러져 있었다. 카를교의 매력은 다리 자체가 가진 역사적인 의미와 아름다움과 더불어 카를교를 거쳐 가는, 또는 카를교에서 살아가는 사람들이었다.

프라하로 가는 방법

- 인천에서 프라하까지 대한항공, 체코항공에서 직항편을 운항하고 있다. 약 11시간 소요.
- 독일 뉘른베르크에서 버스로 4시간 소요

* DB 버스 www.bahn.com

- 오스트리아 빈에서는 버스로 5시간 소요

* 스튜던트 에이전시 www.studentagency.eu

알폰스 무하의 작품에 반하다

프라하 성의 비투스 성당에 들어섰을 때였다. 비투스 성당은 화려한 내외부 장식은 물론이요, 아름다운 스테인드글라스가 많기로도 유명한데, 그중 내 눈을 사로잡은 것은 단연 알폰스 무하(Alphonse Mucha)의 '성 그리스도와 성 메토디우스'란 작품이었다. 체코의 건국 과정 및 종교 역사를 표현한 이 작품은 뚜렷하고 입체적인 화풍과 그림 전체를 감싸고 있는 에메랄드 빛이 무척 아름다웠다. 이 작품에 반해, 다음 날 나는 무하 박물관을 찾았다. 알폰스 무하는 체코를 대표하는 아르누보 양식의 거장으로 이 박물관에는 그의 작품 약 100점이 전시되어 있다. 작품은 주로 달력, 포스터, 포장용기 등에 새겨진 것들이었는데, 그런 것들조차도 본인만의 감각을 십분 살려 '무하 스타일'에 가깝게 변모시킨 것 같았다. 특히 인물 주위를 장식한 화려한 무늬, 간결한 선과 곡선미, 부드럽고 은은한 색채는 무하의 그림에서만 볼 수 있는 특징이다. 그날 무하의 아름다움에 홀려 하루 종일 머릿속에 아른거릴 정도였다.

낭만 프라하, 맞춤 공연 투어

프라하에서라면 당연히 해야 하는 것들이 있다. 프라하 성에서 600년에 걸쳐 지어진 화려한 비투스 대성당을 보고, 바츨라프 광장에서 '프라하의 봄'(1968년에 일어난 체코 민주자유화 운동)을 되새긴 후, 해와 달과 별의 움직임까지 읽는 천문 시계를 거쳐 고딕, 바로크, 르네상스 등 모든 시대의 건축 양식을 볼 수 있는 구시가지 광장에 가 보는 것, 저녁에는 코젤 맥주와 콜레뇨(Koleno)를 먹고, 프라하 성과 카를교의 아름다운 야경을 보는 것까지. 도시에서 해야 할 것들을 끝내고 나니 밀린 숙제를 끝낸 것 같은 개운함이 몰려왔다. 그리고 남은 시간, 프라하에서만 볼 수 있는 공연들을 즐기기로 했다.

프라하 구시가지에서는 호객꾼이 수시로 공연 팸플릿을 나눠 주고 있었다. 프라하에서는 하루 30~40여 곳에서 음악회가 열린다. 그리고 저녁 무렵이면 수많은 극장 및 성당 앞에 연주를 듣기 위해 온 사람들로 북적였다. 드보르자크(Antonín Leopold Dvořák)나 스메타나(Bedřich Smetana) 같은 음악가를 배출해 낸 도시 아니던가. 모차르트는 오페라 〈돈 조반니(Don Giovanni)〉를 프라하에서 완성했고, 음악을 사랑하는 도시 프라하를 무척 아꼈다고 전해진다.

내가 볼 연주회는 카를교 앞에 있는 한 성당에서 열렸다. 클래식 공연은 연주에 최적화된 공연장에서 보는 것이 가장 좋을 테지만, 성당에서 열리는 연주만큼 감성을 자극하는 공연도 없을 것이다. 성당 내부는 여느 유럽의 성당이 그렇듯 무척 아름다웠다. 하얀 바로크식 기둥과 황금빛 재단, 기다란 창을 가로질러 햇빛이 경건하게 쏟아졌다. 성당 뒤쪽 2층에는 고풍스러운 파이프오르간이 보였다. 특이하게도 공연은 오른쪽 아담한 발코니에서 열렸는데, 무대로 삼을 만한 공간이 마땅치 않기 때문이겠지만 그조차도 성당에서만 볼 수 있는 독특한 방식이다.

프로그램은 비발디 사계를 중심으로 한 현악 4중주에 파이프 오르간의 협연이 들어가 있었다. 바이올린과 첼로의 고운 현의 소리는 마음을 울렸고, 강하고 빠른 비트의 화려한 기교는 엉덩이를 절로 들썩이게 한다. 직접 공연을 보는 것이 감동적인 이유는 연주자들의 열정과 기운을 느낄 수 있기 때문일 것이다. 중간부터는 파이프오르간이 연주에 참가했다. 실제로 듣는 파이프오르간의 소리는 영롱하면서 우아하고 아름다웠다. 교회 천장과 기둥, 바닥을 쓸어가며 올라오는 소리들을 들으며 클래식 연주가 생각보다 적성에 맞다는 생각이 들었다.

동화 속 이야기로만 여겨졌던 앨리스. 그녀의 성장을 다룬 'Aspects of Alice' 공연을 두 번째로 선택한 이유는 '포스터 한 장' 때문이었다. 검은 배경에 형광색의 일그러진 집 위로 우산을 쓴 앨리스가 웃으며 둥둥 떠다니는 독특한 그림이었는데, 동화 이야기임에도 SF영화 같았다. 그리고 그 역설적인 설정에 매료됐다. 극의 내용은 원작의 앨리스와 많이 달랐다. 앨리스가 이상한 나라에서 모험을 하면서 여인으로, 한 아이의 어머니로 변하는 일종의 '앨리스의 성장기'를 주제로 한 공연이었다. 항상 철없는 소녀로만 기억 속에 남아 있는 앨리스의 성장을 지켜보는 것은 어색하면서도 신선했다. 무엇보다 눈을 사로잡는 것은 어두운 배경에서 화려한 빛을 가진 소품들이 자유자재로 움직이는 광경이었다. 블랙 라이트 공연(Black Light Theater)이라 불리는 이 기법은 소품과 의상에 특수한 안료를 바른 후, 조명을 비추는 방식으로 색다른 상황을 연출한다. 이 독특한 기술을 이용해 앨리스가 공중에 떠다니는 모습, 마을이 갑자기 사라지거나 나타나는 것, 저절로 색이 칠해지는 페인트 쇼가 눈앞에서 펼쳐졌다. 배우들의 유연한 몸놀림은 우주에서 유영하는 것과 비슷했다. 사람들은 서커스를 보는 듯 쇼 중간마다 열렬한 박수를 보냈고, 나 역시 이 독특하고 신선한 공연에 적지 않은 충격을 받았다. 아직도 여태껏 봤던 공연 중 가장 인상적인 것으로 이 앨리스 성장기를 꼽고 있다.

마지막 공연으로 재즈를 택한 것은 계획에 있는 일은 아니었다. 숙소 근처에 작은 재즈바가 있었다. 이른 아침 그 앞을 지나칠 때면 항상 두꺼운 철문이 굳게 닫혀 있는 것을 볼 수 있었는데, 그 모습은 웅크린 검은 짐승처럼 험하게 느껴졌다. 하루 일정을 마치고 되돌아오는 저녁이면 그곳은 180도 달라졌다. 통 유리창을 통해 노란 불빛이 골목길까지 퍼져 나왔고, 그 안을 살짝 들여다보면 두세 명의 연주자가 하루는 피아노와 기타를, 어느 날은 색소폰과 바이올린을 연주하고 있었다. 어두컴컴한 밖과 달리 밝고 아늑해 보이는 그곳이 낯설어서 혼자 들어갈 용기가 나지 않았다.

프라하에서의 마지막 날, 민박집에서 홀로 여행 온 사람과 이야기를 나누다 의기투합해 그 재즈바에 들러보기로 했다. 재즈바보다는 선술집에나 어울릴 법한 산적 같은 외모의 주인이 우리를 반갑게 맞이하며 자리를 안내했다. 공연은 시작 전이었다. 가게는 밖에서 본 것과 다르게 연주보다는 식사에 더 비중을 둔 곳 같았다. 비좁아 보이는 무대와 관계없이 난잡하게 배치된 테이블이 그랬다. 그 좁은 무대에는 색소폰과 기타 공연을 준비하는 연주자 둘이 보였다. 그래도 매번 동경 비슷한 감정으로 바라만 봤던 공간에 들어온 것에 감격하며, 저녁을 이미 먹었음에도 불구하고 재즈바에 어울릴 만한 거대한 립 요리와 와인을 주문했다. 주위를 둘러보니 우리처럼 공연에 관심 있는 사람보다는 저녁을 해결하거나 가볍게 술을 마시러 온 사람이 대부분인 것처럼 보였다. 연주가 시작되자 나는 처음 이곳에 온 목적대로 연주에 집중했다. 기타와 색소폰 소리는 끈적하면서도 경쾌했고, 노란 불빛으로 가득한 바 분위기에 잘 어울렸다. 하지만 그들의 열정적인 연주가 무색하게도 시간이 갈수록 그들의 연주는 사람들의 소리에 묻혀 갔다. 심지어 서로의 대화도 잘 들리지 않을 정도여서 이야기를 나누려면 한껏 목청을 높여야 했다. 재즈바의 정체성에 대해 의심이 들 무렵 한 남자가 바에 들어왔다. 허름한 청재킷과 청바지, 그리고 낡은 청색 모자를 눌러 쓴 이 남자는 피로함이 가득한 40대 중후반의 노동자로 보였다. 그는 무대와 가장 가까운 자리에 앉아 맥주 한 잔을 주문했다. 그리고 맥주 두 잔을 비울 동안 연주자에게 눈을 떼지 않은 채 음악에 집중했다. 그리고 연주 한 곡이 끝날 때마다 일어서서 박수를 치곤했는데, 그때마다 연주자들은 뜻하지 않는 격려와 칭찬에 쑥스러웠는지 조심스럽게 목례를 하며 감사의 답례를 했다. 특별해 보이기만 했던 이 재즈바에서의 시간은 이 남자에게는 일상이었다. 지친 일을 끝내고, 피곤함이 가득한 무거운 몸을 이끌고 작은 바에 들러 시원한 맥주 한잔을 하며 좋아하는 재즈 음악을 듣는 것.

새삼 남자가 부럽게 느껴지면서 여행에서만의 특별함이라고 생각했던 것을 일상으로 가져가고 싶어졌다. 한 달에 한 번 클래식 공연장에 가는 것, 아마추어 연주자가 있는 작은 단골 재즈바를 만드는 것, 그리고 대학로 소규모 극장을 돌아다니며 또 다른 앨리스 공연을 찾아내는 것. 그렇게 여행 후 일상을 조금 특별하게 만드는 상상을 하며 프라하의 마지막 밤을 재즈 음악 속에서 흘려보냈다.

프라하가 야경으로 유명한 것은 밤늦도록 빛을 발하며
언덕에 우뚝 서 있는 프라하 성 덕분이다.
비셰흐라드에서도, 카를교에서도, 바츨라프 광장에 있는
숙소 베란다에서도 프라하성은 어디서든 눈에 띄었다.
이 도시는 모든 것이 프라하 성을 중심으로 흐르는 것 같았다.

프라하에서 다양한 공연 관람하기

❖ 클래식 공연

오스트리아 빈과 더불어 음악을 마음껏 즐길 수 있는 도시가 프라하다. 길에서 공연 티켓을 판매하는 사람이 많아, 프로그램을 보고 즉석에서 구매하는 것도 가능하지만, 공연 사이트에서 프로그램을 여럿이 비교해 보고 고르는 것이 좋다. 좀 더 격식 있고 제대로 된 공연을 감상하고 싶다면 프라하 시민회관(Obecni Dum)의 스메타나 홀, 프라하 국립극장에서 열리는 정통 클래식 공연을, 가볍게 즐기고 싶다면 성당에서 하는 소규모 공연을 추천한다.

❖ 마리오네트 공연

프라하에서 클래식 공연 못지않게 인기 있는 것이 마리오네트 공연(Marionette)이다. 마리오네트 인형을 이용해 극을 꾸미는 여러 공연 중 가장 유명하고 인기 있는 것은 단연 〈돈 조반니(Don Giovanni)〉. 인형극이라 마냥 재미있을 것 같지만, 의외로 지루하다는 평도 있다. 공연을 보러 가기로 결정했다면 내용은 꼭 미리 숙지하고 가기를 권한다. 요금 590코루나.

❖ 기타 공연

형광 빛을 이용한 블랙라이트 공연(Black Light Theater), 영화와 음악, 발레 등 여러 공연 장르가 혼합된 독특한 방식의 공연 라테르나 매지카(Laterna Magika)도 볼만하다.

* 프라하 공연 예매 www.pragueticketoffice.com
  인형극 예매(National Marionette Theatre) www.mozart.cz

프라하의 밤을 재즈바에서

프라하의 밤을 재즈 공연이 있는 바에서 보내보는 것은 어떨까. 유명한 재즈바에서는 매일 특별한 공연이 펼쳐진다. 맥주와 함께 가볍게 공연을 즐겨 보자.

❖ Ungelt Jazz

프라하에서 가장 유명한 재즈 클럽

- 주소 Týn–Týnskáulička 2 110 00 Praha 1
- 가는 법 틴 성당(Týn) 뒤쪽
- 운영시간 레스토랑 13:00~24:00 / 재즈클럽 20:00~01:00
- 홈페이지 www.jazzungelt.cz

❖ Jazztime

작은 재즈클럽으로 식사를 하며 가볍게 공연을 즐길 수 있다.

- 주소 Krakovská19 Praha 1
- 가는 법 바출라프 광장 동상 쪽에서 도보 5분
- 운영시간 레스토랑 20:30~ / 재즈클럽 21:00~
- 홈페이지 www.jazztime.cz

콜레뇨와 프라하 맥주

프라하에 가면 반드시 먹어 봐야 할 음식으로 가장 먼저 꼽는 것이 콜레뇨와 맥주일 것이다.

우선, 콜레뇨. 체코식 족발이라고 부르는 이 음식은 보기만 해도 먹음직스러운 비주얼을 자랑한다. 돼지 무릎을 쇠꼬챙이에 통으로 꽂아 나오는 모양은 통바비큐 같으며, 그 상태에서 조금씩 썰어 바삭한 껍질과 부드러운 고기를 소스에 찍어 먹는 맛이 일품이다.

콜레뇨와 함께 빠질 수 없는 것이 체코의 맥주다. 세계에서 가장 많은 맥주 소비량과 다양한 종류를 가진 나라인 만큼, 이곳에서 맥주를 마시지 않는다면, 체코의 문화를 제대로 즐기지 못한 것. 코젤, 필스너우르켈(Pilsner Urquell), 크루쇼비체(Krusovice)까지. 부드럽고 쌉싸름한 체코 맥주를 한 번 맛보면, 끼니마다 맥주를 마시고 마는 자신을 발견하고 있을지도.

번잡한 프라하, 만나절만 탈출해 보기

프라하에 조금은 익숙해질 무렵이었다. 프라하가 갖고 있는 명성에 비해 도시의 규모는 소박했고, 이곳을 찾은 다양한 국적의 사람들은 비좁은 골목에서 살을 부딪혀가며 보물이라도 찾듯 도시 구석구석을 누비고 다녔다. 도시에 응축된 열기와 에너지는 뜨거웠지만, 그 안에 계속 머물다가는 그 뜨거운 열기에 데어 프라하에 대한 애정도 금세 사그라질 것만 같았다.

새파란 하늘과 뜨거운 태양 아래 우뚝 서 있는 프라하 성이 거실 테라스 너머로 보였다. 막 아침 식사를 마치고 하루 일정을 고민하고 있을 때, 민박집 주인은 프라하의 옛 성터, 비셰흐라드(Vysehrad)를 추천했다.

비셰흐라드에서 가장 흔하게 볼 수 있는 풍경은 '가족'이었다.
성벽 끝에서 같은 풍경을 바라보는 부부. 손을 맞잡은 노부부.
공원 끝까지 달음박질하는 아이들.
비셰흐라드가 마음 편한 곳으로 다가왔던 것도 그 때문일 것이다.

"보통 프라하에 머무는 시간이 짧아서 프라하 시내만 둘러보고 가는 경우가 많거든요. 이곳까지는 사람들이 잘 안 가니까 조용하면서도 색다른 분위기를 느낄 수 있을 거예요."

프라하는 한국 사람이 생각보다 많은 여행지였다. 시내 한복판, 레스토랑에서 울려 퍼지는 한국어를 쉽게 들을 수 있었고, 능숙한 한국어로 장사를 하는 상인들도 꽤 됐다. 구시가지에 있는 마리오네트 인형 가게에 들어갔을 때, 한 점원은 피노키오 마리오네트의 팔다리 관절을 능숙하게 꺾으며 흥얼거리듯 한국어를 읊었다.

"한번 볼래요? 왼발, 오른발, 머리, 팔, 다리! 어때요? 신기하죠?"

처음에는 낯선 외국에서의 이런 환대도 여행의 즐거움으로 느껴졌지만, 점점 반감이 생겼다. 익숙함과 북적임에서 벗어나고 싶었다. 관광객들이 거의 없는 곳,

그리고 조용한 산책길이 조성된 색다른 장소. 이 두 가지만으로도 비셰흐라드에 갈 이유는 충분했다.

비셰흐라드까지는 메트로를 타고 이동했다. 중심지에서 멀어질수록 메트로 안의 사람들도 줄어들었다. 단지 도시 외곽으로 이동하는 것뿐인데도, 전혀 다른 세상의 경계를 넘는 듯했고, 프라하의 북적임과도 멀어지는 것 같았다.

비셰흐라드에 도착해 가장 먼저 해야 할 일은 성벽 길에 오르는 것이었다. 비셰흐라드는 '고지대의 성'이라는 뜻 그대로 블타바 강 기슭 바위산 위에 자리 잡고 있었는데, 이 때문에 이 성벽 길은 인근 풍경을 한눈에 내려다볼 수 있는 멋진 전망대 역할을 하고 있다. 성벽에서 내려다본 프라하의 풍경은 근사했다. 한쪽에는 블타바 강이 숲길을 따라 잔잔히 흐르는 것이 보였고, 다른 쪽에는 상큼한 주황색 또는 초록빛깔의 집들이 마을을 이루고 있었다. 그리고 그 끝으로는 프라하 어디서건 존재감을 드러내는 프라하 성이 있었다. 멀리 보이는 프라하 성을 확인하고 나서야 프라하 중심지에서 벗어났다는 실감이 났고, 숨통이 확 트였다. 며칠 전 프라하 성에서 내려다본 도시의 풍경이 생각났다. 붉은 지붕이 다소 거무죽죽했던 것은 흐린 날씨 탓이었지만, 우울한 기운이 도시 아래에서 올라오는 것처럼 보였다. 이곳에서 보는 풍경은 그와 정반대로 갓 태어나는 모든 것을 대표하는 듯한 생동감이 있었다. 막 밭에서 캐낸 채소마냥 건물들은 싱싱해 보였으며, 기다란 도로를 따라 주차되어 있는 끝없는 자동차의 행렬은 도시 축제의 화려한 장식 같았다. 색다른 프라하 풍경을 마주하고는 천천히 성벽 길을 따라 걷기 시작했다. 긴 성벽 길을 걷는데도 발걸음은 한없이 가벼웠다. 특별히 해야 할 것은 없었다. 그저 마음 가는 대로 눈에 풍경을 심고, 도란도란 대화를 나누는 가족들의 이야기를 엿듣고, 다리가 아플 때쯤 벤치에 앉아 이 모든 것을 만끽하면 됐다. 때로는 과감하게 성벽 위에 올라타 더 높은 곳에서 도시를 바라보기도 했다.

성벽을 한 바퀴 다 돌았을 무렵에는 성 베드로와 성 바오로(Katedrála svätého Petra a Pavla) 성당이 보였다. 한 번에 카메라로 담기 힘들 만큼 거대하고 위용 있는 성당이었다. 그리고 그 옆에 국립묘지가 있었다. 체코를 대표하는 예술인인 스메타나, 드보르자크, 알폰스 무하, 카프카, 네루다의 묘가 있는 곳이다. 그들의 작품을 어렴풋이 접하다가 그들 앞에 직접 섰을 때, 말로 표현 못할 감정이 든다. 백 년 남짓 지난 지금, 나는 그들의 세계에 조금은 가까워진 듯했다. 어두운 죽음의 상징 앞에서도 낭만의 감정이 생기는 것은 그 때문인지도 모른다.

비셰흐라드에서는 특히 스메타나를 빼놓고 이야기할 수 없다. 스메타나는 음악을 통해 조국의 독립과 민족의식을 고취시키는 데 생을 바친 체코의 국민 음악가로, 체코인의 많은 사랑을 받는 인물이다. 그의 대표작 '나의 조국'의 제1악장은 비셰흐라드를 주제로 하고 있는데, 여기에는 국가 전설이 담겨 있다고 했다.

먼 옛날 체코의 부족장 크로크는 이 비셰흐라드에 왕국을 건설했다. 그에게는 세 딸이 있었는데, 각각 치료사, 마술사, 그리고 미래를 볼 수 있는 능력을 갖고 있었다. 왕은 가장 현명했던 막내딸 리부셰(Libuse)를 후계자로 선택한다. 하지만 부족의 남자들은 그들의 통치자가 여자라는 것을 못마땅하게 생각해 그녀에게 혼인할 것을 요구한다. 그때 그녀는 농부인 프르제미슬과 사랑에 빠져 있었다. 미래를 볼 수 있는 능력을 발휘해 그녀는 신하들에게 그를 데려오게끔 한다. 그와 결혼한 리부셰는 다시 정권을 잡고 세력을 확장해 후에 프라하 성이 있는 곳으로 도읍을 옮기게 된다.

1악장을 광대하게 채우고 있는 이 음악은 비단 비셰흐라드뿐만이 아니라 리부셰 신화처럼 체코 민족의 번영과 영광을 나타내고 있을 터였다. 체코를 빛낸

비셰흐라드에 있는
성 베드로와
성 바오로 성당

예술가들의 묘가 이곳에 모여 있는 것도 체코 사람들의 정신이 깃든 곳이기 때문이리라.

비셰흐라드 산책의 정점은 요새 깊숙한 곳에 있는 드넓은 초록의 공원을 발견하면서였다. 마치 견고하고 단단한 철갑옷 안에 야들야들한 속살을 발견한 것 같았다. 공원 매점에서 커피 한 잔을 주문하니 작은 기계에서 갓 뽑은 커피를 건네줬는데, 비록 싸구려 플라스틱 컵에 담겨 있었지만 아메리카노의 향은 달았다. 컵을 손에 쥐고 햇빛에 노랗게 물든 잔디 위 벤치에 앉았을 때, 건너편에 앉아 있는 한 노부부가 벤치에 나란히 있는 것이 보였다. 한 풋풋한 커플은 손을 잡고 오솔길을 걸어갔다. 커피 잔의 온기와 함께 풍경의 따스함이 전해지면서 이들의 일상에 스며든다. 이곳이 진정으로 프라하에서 숨 쉴 수 있는 '비밀공간'임이 틀림없었다.

오스트리아 Austria

빈

예술의 도시에서 마음속 예술가를 품고 오는 것

고풍스러운 건물과 현대적인 간판이 어우러진 빈의 마리아힐퍼 거리(Maria Hilfer Strasse). 상점들이 늘어선 전형적인 이 번화가를 걷다 보면 거대한 교차로가 나온다. 그곳에서 왼쪽으로 꺾어 들어가면 MQ가 있다. 뮤제움 콰르티어(Museums Quartier). 10개 이상의 미술관과 박물관이 들어선 종합 박물관. 빈의 '문화 예술의 도시'라는 명성은 그냥 생긴 것이 아니었다. 네모난 박물관들이 들어선 광장 가운데는 거대한 분수가, 그리고 그 주위에는 'U' 자 모양의 의자가 널려 있었다. 따스한 햇볕이 내리쬐는 그곳에 누워 사람들은 책을 읽거나 낮잠을 자고 있었다. 그 모습이 부러웠던 것은 미술관이 그들의 삶 속에 '당연히 존재하는 것'처럼 보였기 때문이다.

미술관으로 둘러싸인 광장에서
여유를 만끽하는 사람들.
그들이 부러워지는 순간이다.

낮잠을 자거나 책을 읽다가 지루해지면 세계적인 예술가의 그림을 '그냥' 보러 가는 것이 일상인 그런 보통의 삶.

MQ 안의 여러 미술관 중 가장 유명한 곳은 레오폴드 미술관(Leopold Museum)이다. 가장 규모가 큰 이곳은 미술품 애호가 루돌프 레오폴드와 그의 아내 엘리자베스가 수집한 약 5천 점의 작품이 소장되어 있다. 특히 오스트리아 표현주의 화가 에곤 실레(Egon Schiele)의 작품이 가장 많이 전시되어 있는 곳이기도 하다. 그래서 그의 작품을 좋아하는 사람이라면 꼭 한 번 들러야 할 곳으로 꼽힌다.

입구 옆 방에 실레의 작품 대부분이 전시되어 있었다. 한 전시실을 계속 돌며 같은 작품을 반복해서 들여다본 것은 이곳이 처음이었다. 그만큼 실레의 작품은 내 마음에 강렬하게 들어왔다. 앙상하게 뼈가 두드러진 육체, 관절이 꺾인 듯 기이하게 틀어져 있는 자세, 뭔가를 꿰뚫어보는 듯한 초점 없는 눈, 인물을 채우고 있는 독특한 색조. 실레의 그림은 날카로우면서 처절했다. 인간의 가장 어두운 단면을 밑바닥까지 드러내 놓은 것 같아 불편하면서도 계속 들여다보고 싶을 만큼 매혹적이었다. 언뜻 괴기스럽게도 느껴지는 그의 그림을 보고 있자면 그가 보통의 사람들과는 판이한 정신세계를 갖고 있지 않을까 하는 의구심을 갖게 된다.

1890년 오스트리아 툴른(Tulln), 에곤 실레는 철도역에서 일하는 아버지를 둔 평범한 가정에서 태어났다. 하지만 실레가 15세가 되었을 무렵 아버지가 매독으로 사망하게 되자 큰 충격을 받고, 냉담한 어머니와의 관계는 악화돼 정서적으로 불안한 청소년기를 보내게 된다. 많은 사람들이 그 시기에 그의 정신세계가 흐트러졌을 것이라 추측한다. 그 후 실레는 여동생을 모델로 누드화를 그려 근친상간의 의심을 받기도 했으며, 1912년에는 노이렝바흐(Neulengbach)에서 어린 소녀들을 모델로 그림을 그리다가 미성년자 유인죄 등으로 24일간 감옥살이를 하기도 한다. 포르노그래피라고 비난을 받았지만, 그에게는 자신이 바라보고자 했던 인간의 한 면을 예술로 표현했을 뿐이었다. 옥중에서 실레는 이런 말을 남겼다.

"내게 예술이 없었다면 지금 나는 무엇을 할 것인가? 나는 생을 사랑한다. 나는 모든 살아 있는 존재의 심층으로 가라앉기를 원한다."

실레의 그림과 인생을 그대로 보여주는 말이 아닐까.

붉은 옷을 입은 추기경과 수녀가 무릎을 꿇은 채 서로 끌어안고 있는 그림 앞에 섰다. 수녀는 두려운 듯한 표정으로 고개를 돌리고 있다. 금기시된 욕망 앞에 선 두 사람의 두려움이 고스란히 묻어난다. '추기경과 수녀(Cardinal and Nun, 1912)'는 구스타프 클림트(Gustav Klimt)의 '키스'를 모티프로 한 작품이다('키스'를 비롯한 클림트의 작품은 빈의 벨베데레 궁전에서 직접 볼 수 있다. 이것만 해도 빈에 갈 이유는 충분하다).

실레는 16세 때 빈 미술학교에 들어갔지만 보수적 교육체제는 자유로운 그와 맞지 않았다. 그는 학교를 그만두고 빈 분리파의 구성원이 되며, 신 예술가그룹을 결성한다. 이때 클림트를 만나 그의 영향을 받게 된다. 클림트는 실레의 스승이자 후원자였으며, 두 사람은 함께 빈 분리파로 활동하기도 했다. 하지만 두 사람의 세계는 놀랍도록 다르다. 이 그림만 봐도 그랬다. 남녀가 황금빛에 둘러싸여 키스를 나누는 아름다운 클림트의 그림과 달리 실레의 금기를 넘은 사랑에 대한 그림은 어둡고 음울하게 느껴진다.

실레하면 빼놓을 수 없는 것이 그의 초상화다. 실레가 남긴 초상화만 해도 100점이 넘으며, 미술전에는 그의 초상화가 광로로 내걸린다. 초상화 속 실레는 신경질적인 것 같지만 말끔하게 잘생긴 남자였다. 패셔니스타에 자기애가 강한 사람 같기도 하다. 전시실 한쪽에는 하얀 셔츠를 입고 까만 양복바지 주머니에 손을 찔러 넣은 채 거울에 비치는 자신의 모습을 보는 사진이 있었다. 거울에 비친 실레의 눈은 예사롭지 않았다. 사람의 내면을 꿰뚫어볼 것처럼 날카로웠다. 자신의 모습을 그토록 많이 그렸던 이유는 무엇이었을까. 아마 자신의 상처를 치유하는 방법 중 하나가 아니었을까 하는 생각이 든다.

그의 작품과 삶은 내 밑바닥의 무언가를 끄집어내는 것 같았다. 에곤 실레를 본 후 빈에서 무료함을 느꼈다. 멋진 건축물이나 유명한 다른 그림을 보기도 했지만 뭔가 허전했다. 빈이 지나치게 넓게 느껴졌고, 더 마음이 공허해졌다. 쌀쌀한 바람이 부는 때였다. 빈이 유독 싸늘하게 기억되는 것도 그 때문인지 몰랐다.

다음날, 트램을 타고 빈 외곽으로 향했다. 에곤 실레, 클림트에 이어 꼭 한번 보고 싶은 예술가의 작품이 있었다. 훈데르트바서(Hundertwasser). 오스트리아의 화가이자 건축가 그리고 환경운동가. 그는 다양한 명함을 갖고 있는 20세기 예술가다.

쿤스트하우스빈(kunsthauswien)은 훈데르트바서가 직접 설계한 건물로, '밋밋한 현대 건축에 대한 반발'의 의미를 지니고 있다고 했다. 그리고 그 앞에 섰을 때 내 안에 엔도르핀이 솟구쳤다. 붉은 기둥과 흰색과 흑색이 비균형적으로 섞인 건물의 외관은 알록달록, 삐죽빼죽, 들쭉날쭉. 완전 제멋대로다. 며칠 동안 빈에서 느꼈던 허전함이 여기서 해소될 수 있을 것 같았다. 안으로 들어서니 울퉁불퉁한 바닥을 비롯해 모든 것이 다 둥글고 구불구불하다. 화려한 색감의 타일이 늘어선 1층을 지나 나선형으로 된 계단을 오르면 훈데르트바서의 작품을 전시한 전시실이 있다. 레오폴드 미술관이나 미술사 박물관에 비해서 관람객은 현저히 적었다. 나중에는 혼자서 이 전시실을 독차지하게 될 정도였으니……. 한적한 곳에서 작품을 감상할 수 있어 좋긴 했지

쿤스트하우스빈, 훈데르트바서 하우스는 예술가이자 건축가인 훈데르트 바서의 작품이다. 화려한 색과 곡선을 담은 건축물은 클래식한 빈의 건물 사이에서 단연 돋보인다.

만, 상대적으로 주목받지 못하고 있는 것에 어쩐지 아쉬운 마음도 든다. 본능적으로 색상을 사용한다는 이 화가에게는 '색채의 마술사'란 별명이 붙어 있다. 모든 것을 강렬한 색으로 표현하는 그의 작품은 한계가 없어 보였다. 어떤 영역이든지 그의 그림에서는 쉽게 구현되는 것 같았다. 사람의 얼굴부터, 집, 세상, 우주 등등.

실레의 작품이 인간 내면의 무언가를 끌어내는 느낌이라면 훈데르트바서는 미래를 향해 달려가는 것 같았다. 하지만 그의 스타일은 미술보다는 건축에서 더 빛을 발하는 것 같다. 자연애호가인 그는 건축에서 그 가능성을 충실히 살려 놓았다.

전시실 한편에는 그가 설계한 블루마우(Blumau) 온천의 모형이 있었다. 영화 〈반지의 제왕〉에 등장하는 호빗의 마을을 떠올려 보자. 완만한 경사가 이뤄진 산에는 볼록한 구릉 여러 곳이 있다. 그리고 산의 굴곡을 따라 이어진 언덕 아래로 집들이 쏙 들어가 있다. 마치 원래 자연의 일부였던 것처럼. 그 호빗 마을은 이 블루마우 온천을 모델로 한 것이다. 그리고 그 집은 지붕 위가 흙으로 이루어져 있거나 땅 아래 건축하는 방식으로 이뤄졌다. 곡선의 집들과 화려한 색감으로 장식되어 있는 것은 기본이다(블루마우 온천은 빈에서 약 130km 떨어진 곳에 있다).

그의 작품을 보고 있노라면 그가 어떤 철학을 갖고 있는 사람인지 캐보고 싶어진다. 그가 주장하는 것 중 '스킨론'이란 재미있는 이론이 있다. 인간을 보호하는 층이 5개(피부, 의복, 집, 사회, 지구)로 나뉘어 있는데, 사람들은 피부 외의 나머지 것들에 대해서는 잘 의식하지 못한다는 것이다. 5개의 보호층 중 그는 인간을 보호하는 중요한 매체로 집을 꼽았으며, 건물을 지으며 차지한 식물의 자리를 돌려줘야 한다는 생각을 했다고 한다. 그리고 그것이 그의 건축방식에 영향을 미쳤음은 말할 것도 없다.

쿤스트하우스빈에서 5분 정도만 더 걸어가면, 훈데르트바서의 또 다른 작품,

빈의 거리는 쓸쓸했다. 큼지막한 구획의 거리는 해가 지면 썰렁해진다. 어느 번화가에서 나는 혼자 걸었다. 그 많은 사람들은 다 어디로 갔을까.

훈데르트바서 하우스(Hundertwasser Haus)가 나온다. 1985년, 빈에 이상적인 건물을 지어보자는 취지에서 건설된 이 건물은 알록달록한 외관이 단연 눈에 띈다. 물 흐르듯 흐르는 선, 그리고 화려한 색감. 단 한 군데도 같은 모양의 창이 없다. 내관도 굉장히 특이하게 설계되었다고 하는데, 일반인이 거주하고 있기 때문에 안을 둘러볼 수는 없었다.

훈데르트바서는 여행을 다니며 집과 야외, 레스토랑, 기차나 비행기 등 자신이 머무르는 곳은 어디에서든 그림을 그렸다고 한다. 그의 자유로움, 자연을 먼저 하는 사상을 닮고 싶다. 실레가 인간과 자신을 밑바닥까지 들여다본 것처럼 내면을 한계치까지 들여다보고 싶어졌다. 이곳에서 나는 그들의 삶에 한 발짝 다가선 것 같았다. 왜 그토록 많은 사람들이 빈을 찾고, 사랑하는지 알 것 같았다.

국회의사당과 시청사.
과거 지은 건물을 지금도
그대로 활용하고 있다는
점이 인상적이다.

벨베데레 궁전

오페라하우스

빈 가는 방법

- 대한항공에서 인천–빈 구간 직항을 운항하고 있다. 약 11~12시간 소요.
- 보통 오스트리아와 체코, 두 나라를 함께 묶어서 여행하는 경우가 많은데, 프라하에서 기차나 버스를 타고 빈까지 이동할 수 있다. 기차보다는 저렴한 스튜던트 에이전시 버스를 이용하는 것이 좋다. 약 5시간 소요.

* 스튜던트 에이전시 www.studentagency.eu

- 오스트리아 잘츠부르크에서 빈으로 가는 경우, 열차로 이동하면 된다. 국영 열차(OBB)와 민영 열차(WESTbahn)가 있는데, 민영 열차가 가격이 저렴하고 시설도 좋은 편이다. 빈까지 2시간 30분 소요.

* 민영 열차(WESTbahn) www.westbahn.at

예술의 도시 빈에서 문화, 공연은 즐길 수 있을 만큼 즐겨라

빈에서 해 봐야 할 예술 · 문화 체험들은 정말 무궁무진해서 며칠 동안 머물러도 시간이 부족할 정도다. 그중에서도 빈의 미술관과 연주회에 가는 것은 꼭 해야 할 것 중 하나로, 레오폴드 미술관과 쿤스트하우스빈 등을 비롯해 인상 깊었던 몇 곳을 소개한다.

❖ 미술관

안방처럼 편안하게 그림을 볼 수 있는 미술사 박물관(Kunsthistorisches Museum)

미술사 박물관은 합스부르크 왕가가 수집한 예술작품 7,000점을 소장하고 있는 오스트리아 최대의 미술관이다. 벨라스케스(Velázquez)의 '마르가리타 테레사 시리즈', 피테르 브뢰헬(Pieter Bruegel)의 '바벨탑' 등 여러 예술 작품을 눈앞에서 감상할 수 있다. 또한 전시관 안에는 푹신한 소파가 곳곳에 놓여 있는데, 그곳에 몸을 파묻고 바로 앞 벽에 붙은 수많은 그림을 보고 있자면, 흡사 안방에서 작품을 감상하는 듯해 감격스럽기까지 하다.

- 주소 Maria–Theresien–Platz 1010 Wien
- 가는 법 지하철 Museumsquartier 역에서 도보 5분
- 운영시간 화~일요일 10:00~18:00(단, 목요일은 21:00까지), 월요일 휴무

- 요금 14유로 / 콤보티켓(미술사 박물관+레오폴드 박물관) 22유로
- 홈페이지 www.khm.at

클림트 작품을 가장 많이 볼 수 있는 벨베데레 궁전(Schloss Belvedere)

과거에 궁전이었지만 현재는 미술관으로 쓰이고 있다. 특히, 클림트의 작품이 가장 많이 전시되어 있어, 클림트의 팬이라면 반드시 들러야 할 곳이다. 클림트 작품에 별 관심 없던 나도 화려하고 강렬한 '키스'에 압도되어 그 앞에 한참 서 있었을 정도니! 궁전 앞에 펼쳐진 아름다운 프랑스풍 정원도 산책하기에 좋다.

- 주소 Prinz Eugen-Straße 27 1030 Wien
- 가는 법 트램 D번 Wien Schloss Belvedere 역에서 하차
- 운영시간 10:00~18:00(단, 수요일은 21:00까지)
- 요금 상궁 12.5유로 / 상궁+하궁 19유로 / 정원 무료
- 홈페이지 www.belvedere.at/de

에곤 실레, 클림트, 오스카 코코슈카의 작품을 볼 수 있는 레오폴드 박물관(Leopold Museum)

에곤 실레에 관심 있는 사람이라면 반드시 가 보길 추천한다. 에곤 실레의 '자화상', '추기경과 수녀' 등 200여 개 작품이 전시돼 있으며, 클림트의 '삶과 죽음'과 오스카 코코슈카의 작품도 이곳에 있다.

- 주소 Museumsplatz 1 1070 Wien
- 가는 법 지하철 Museumsquartier 역에서 도보 5분
- 운영시간 10:00~18:00(단, 목요일은21:00까지), 화요일 휴무
- 요금 12유로
- 홈페이지 www.leopoldmuseum.org/en

색다른 예술 건축물을 보고 싶다면, 쿤스트하우스빈(kunsthauswien)

색채의 마술사, 훈데르트바서가 설계한 독특한 건축물로 다채로운 색과 곡선의 아름다움을 강조한 곳이다. 훈데르트바서 및 다양한 예술가의 전시를 볼 수 있다. 다소 클래식한 빈의 분위기에 적응될 무렵, 이곳을 찾으면 색다른 빈의 모습을 볼 수 있다.

- 주소 Untere Weissgerberstraße 13, 1030 Vienna
- 가는 법 트램 1번 Radetzkyplatz 역에서 도보 10분
- 운영시간 10:00~19:00(단, 목요일은 21:00까지), 화요일 휴무
- 요금 10유로
- 홈페이지 www.kunsthauswien.com

❖ 클래식 공연

오페라하우스(Wiener Staatsoper)에서 오페라를!

세계 3대 오페라하우스 중 하나. 오페라 중 〈카르멘〉, 〈나비부인〉, 〈마술피리〉가 유명하다. 인터넷으로 예약을 하거나, 당일 공연 전에 공연장에서 스탠딩 좌석을 무척 저렴한 가격(3~5유로)에 구할 수 있다. 오페라하우스 앞 대형 스크린으로 공연장면을 실시간 방영해 주기도 한다.

- 주소 Opernring 2 1010 Wien
- 가는 법 지하철 Karlsplatz 역에서 도보 5분
- 관람료 10~200유로
- 홈페이지 www.wiener-staatsoper.at

가벼운 클래식 공연을 보고 싶다면!

어떤 공연을 볼지 고민이 된다면, 슈테판 대성당 앞으로 가보자. 그 앞에서는 모차르트 복장을 하고 있는 몇몇의 사람들이 공연 티켓을 판매하고 있는 것을 볼 수 있는데, 설명을 듣고 마음에 드는 공연을 즉석에서 할인된 가격에 구매할 수 있다. 빈의 대부분 숙소에 팸플릿이 비치되어 있으므로 미리 보고 오면 공연을 선택하는 데 도움이 된다.

* 추천공연: MOZART & JOHANN STRAUSS KONZERT
오케스트라, 탱고, 발레단으로 구성되어 있는 팀의 공연으로, 1시간 30분 동안 클래식 연주뿐 아니라 여러 공연을 다양하게 선보여 지루할 틈이 없다. 대중적인 공연을 주로 선보이기 때문에 항상 만석이며, 마지막에는 모두 기립을 할 정도로 만족도가 높은 공연이기도 하다. 무거운 공연이 다소 어렵게 느껴지는 사람에게 적극 추천한다.

- **주소** Palais Auersperg(Auerspergstrasse 1 A–1080 Vienna)
- **가는 법** 국회의사당에서 도보 10분
- **요금** 42~58유로
- **홈페이지** www.residenzorchester.at

❖ 필름 페스티벌(Vienna Festival)

매년 5~6월 열리는 빈의 대표적 문화 축제. 여름밤만 되면 시청사 앞으로 사람들이 모여들기 시작한다. 그곳의 대형 스크린을 통해 오페라, 발레, 클래식부터 재즈, 콘서트 공연까지 약 200개의 공연이 무료로 방영된다. 훌륭한 공연을 무료로 즐길 수 있는 기회이니 여름에 빈을 여행할 때, 이 시기를 놓치지 말자.

슬로베니아Slovenia

블레드

블레드 성에서 옥빛 호수를 내려다보다

오스트리아에서 슬로베니아로 향하는 컴파트먼트(compartment) 형 기차 안에는 한 중국인과 나, 둘뿐이었다. 그는 자기 몸집만 한 배낭을 선반 위에 가뿐히 올려놓은 후, 내 맞은편 의자에 털썩 앉았다. 그가 중국인임을 안 것은 한 통의 전화 때문이었다. 벌이 쏘는 듯한 낯선 억양이 귓속에 따갑게 쏟아질 때 토막잠은 포기해야 했다. 그는 통화를 끝내고선 카메라를 꺼내 창밖 풍경을 찍기 시작했다. 찰칵찰칵, 셔터 소리와 덜컹거리는 기차 소리가 둔탁한 타악기의 연주처럼 들렸다.

"슬로베니아에 가는 건가요?"

그가 침묵을 깨고 묵직하고 점잖은 말투로 물었다.

"네, 우선 류블랴나로 가서 그곳에 며칠간 있으려고요."

"아, 난 아쉽게도 시간이 없어서 블레드로 바로 가요. 블레드 알아요? 정말 아름답기로 유명한 곳인데."

블레드(Bled)! 그리 관광지로 잘 알려지지 않은 슬로베니아에서도 '블레드 호수'만큼은 유명하다. 2km 길이의 거대한 호수가 청명한 빛을 자아내며 끝없이 펼쳐져 있고, 호수 한가운데는 신비로운 섬이 외로이 떠 있으며, 호수 주위를 첩첩이 둘러싼 절벽의 끝에는 낡은 성이 아슬아슬하게 자리하고 있는 곳. 가이드북에는 '김일성 주석이 블레드를 방문했다가, 이곳의 아름다움에 반해 정상회담이 끝난 후에서 2주나 더 머물렀다'고 적혀 있었다. 지독한 독재자의 마음을 훔칠 만한 아름다움은 어떤 것일까. 중국인의 "꼭 한번 들러보세요!"라는 격렬한 설득이 아니

세계 유명 인사들이 반하고 돌아갔다는 블레드 호수. 처음 마주한 블레드 호수는 시시했다.
플레트나 절벽 꼭대기의 블레드 성이 없었더라면 발걸음을 돌렸을지도 모르겠다.

더라도, 이곳을 향한 호기심과 호감은 차고 넘쳤다

다음날 나는 블레드로 향하는 버스 안에 앉아 있었다. 동유럽에서 도시 간 이동은 쉬운 편인데, 어지간하면 버스로 어디든 갈 수 있다. 다만 별다른 안내방송이나 표지판이 없기 때문에 목적지에 무사히 도착할 수 있느냐가 관건이다. 동유럽에서 관광객들이 '알아서 해야 하는 것들'은 많지만, 그중 가장 어렵고도 난감한 것은 '알아서 내리는 것'이었다.

블레드 역시 어려운 난관이 있는 코스 중 하나였다. 총 2개의 버스정류장이 있는데, 한 곳은 '블레드 역' 기차터미널이었고, 나머지 한 곳은 호수 인근의 정류장이다. 아무것도 모르고 기차역에서 내리면 낭패다. 그곳에서 블레드 호수까지는 꽤 거리가 있어, 다시 한 번 버스를 타야만 하기 때문이다. 그럼에도 블레드라고 커다랗게 쓰인 기차역 간판만 보고서는 그냥 내리는 사람이 꽤 있는 모양이었다. 내가 탄 버스에서도 기차역에 도착했을 무렵, 몇 명의 관광객이 내리기 위해 문 앞에서 서성이는 것이 보였다. 운전기사는 이런 일은 태반이라는 듯, "블레드 호수에 가려는 거면 다음 정류장에서!"라고 넘덤히 외쳤고, 대부분의 사람들은 다시 되돌아와 자리에 무사 안착했다. 그리고 한참을 더 달린 후에야 버스 기사는 큰 소리로 외쳤다.

"블레드 호수에 도착했습니다!"

블레드 호수는 듣던 대로 거대했다. 그리고 평화로웠다. 하지만 하늘을 뒤덮은 검은 구름에 호수는 잿빛을 띠고 있었고, 주변에는 인공적인 느낌이 물씬 나는 정원과 산책로가 보였다. 그토록 극찬받는 아름다운 호수가 집 근처 공원과 다를 바 없어 보였다. 눈을 크게 뜨고 주변을 둘러봤지만, 다른 것이라곤 한가롭게 낚시를 하고 있는 사람과 호숫가에 몰려다니는 수많은 백조, 오리 떼들뿐이었다.

블레드의 남자들만이 나룻배, 플레트나를 몰 수 있다. 승객들을 태운 배는 블레드 호수의 한가운데에 있는 블레드 섬을 향해 천천히 나아간다. 오직 그들만이 갈 수 있는 고립된 신비의 섬으로.

호수 주변을 걷다 보니, 다행히 실망감을 상쇄시킬 만한 특별한 것 하나가 눈에 띄었다. 플레트나(Pletna)였다. 슬로베니아의 전통 나룻배다. 나룻배여도 상상했던 허름한 모습은 아니었다. 10명 이상을 태울 만큼 넉넉한 크기의 이 배는 양편에 네모반듯한 좌석과 단단한 등받이가 달려 있었다. 위에는 뜨거운 햇빛을 가릴 수 있는 컬러풀한 차양이 덮여 있었고, 곡선으로 매끈하게 올라간 뱃머리는 부드럽게 물살을 가르고 앞으로 나갈 것 같았다. 뱃사공들은 한가롭게 뱃머리에 앉아 자기 키의 1.5배만 한 노를 들고 손님들을 기다리고 있었다. 오로지 블레드의 남자들에게만 이 뱃사공의 자격이 주어진다는 이야기를 들었다. 거무스름하고 거칠어 보이는 손으로 노를 잡고 있는 모습이 그들의 자부심만큼이나 다부져 보인다. 플레트나를 타면 블레드 호수 한가운데에 있는 블레드 섬까지 갈 수 있었다. 호수 위에 둥둥 떠 있는 이 신비한 작은 섬 안에는 성모승천교회가 섬을 꽉 채우고 있는데, 섬 입구부터 이어지는 99개의 계단을 올라 교회의 종을 치면 소원이 이루어진다는 설도 전해진다.

섬까지 다녀오려면 시간이 촉박했다. 나는 텅 빈 배 앞을 몇 번이고 서성였다.

"배는 언제쯤 출발하나요?"

"손님이 다 차야 해요. 그런데 오늘은 사람이 별로 없는 편이네요."

대답한 뱃사공 옆에 나란히 대기하고 있는 배들만 해도 5~6척이었다. 그들은 탈 듯 말 듯한 내 태도에 번갈아가며 흘끔흘끔 쳐다봤다. 그들 뒤로 한 플레트나가 호수 가운데에 둥둥 떠 있는 것이 보였다. 열댓 명의 사람들이 나란히 앉아 있었고, 크게 팔을 휘두르며 노를 젓는 뱃사공이 있었다. 배는 정말 천천히 나아갔다. 계속 기다려야 하나 고민하고 있을 때, 호수 뒤의 블레드 성이 눈에 띄었다. 절벽 꼭대기, 편편하고 툭 튀어나온 바위 위에 올라선 성이었다. 붉고 뾰족한 지붕, 거뭇한 성체는 고전 소설에나 나올 법해 보였고, 절벽 끝에 아슬아슬하게 걸쳐 있는 모습은 아찔했다. 이 모습에 단번에 홀려 섬은 일단 제쳐두고, 성을 향해 오르기 시작했다.

성에 오르는 것은 꽤 힘들었다. 가파른 산등성이에 인위적으로 놓은 수많은 나무 계단을 따라 30분가량 걷고 나서야 성문으로 추측되는 아치형 문이 보인다. 그

리고 그 옆으로는 돌로 쌓인 성벽이 이어져 있었다. 이마 정도 오는 높이였다. 성벽 너머의 블레드 풍경은 어떨까. 까치발을 들어 아래를 내려다봤을 때, 가슴에 찌릿한 전율이 느껴졌다. 성 아래로 드넓게 펼쳐진 블레드 호수는 아래에서 봤을

블레드 호수의 백미는 블레드 성에서 내려다본 그 순간이다.
알프스 빙하의 물이 그대로 얼어붙은 듯한 청푸른 맑은 호수를 보고 있자니,
내 마음속까지 그대로 비추어 보일 것 같았다.

때와 완전히 달랐다. 알프스 빙하 물이 그대로 얼어붙은 것 같은 매끈한 호수 표면이 보였다. 고혹적인 청푸른 빛이었다. 작은 물결 하나 없는 반듯한 호수에는 플레트나가 지나가면서 가는 줄을 만들고 있었다. 때마침 거센 바람이 불어 왔다.

바람에서도 청푸른 시원함이 느껴졌다.

성안으로 들어섰을 때는, 많은 사람들이 성벽에 바짝 붙어 호수를 내려다보고 있었다. 감탄사가 여기저기서 흘러나오는 것은 물론이었다. 어느 멋진 전망대를 갔을 때도 이보다 많은 탄성을 들은 적이 없다. 관광객들은 성벽 밖으로 몸을 쭉 빼고 있었다. 호수에 홀려 그대로 빠져들기라도 할 것처럼.

성안은 예배당과 블레드에서 발굴된 유물을 전시한 박물관 외에 별다른 볼거리가 없었다. 호수 쪽으로 뭉툭하게 튀어나와 있는 정원 한쪽에는 레스토랑이 있고, 몇몇 사람들은 호수 풍경을 보며 여유롭게 맥주를 즐기고 있었다. 바로크식 아치형 계단을 따라 올라가면, 더 멋진 풍경을 볼 수 있다. 호수 주변을 둘러싼 숲과 가옥들, 그리고 가을빛에 물든 붉고 푸른 나무들은 어느 곳보다 아름다운 절경을 만들어낸다.

호수 저편으로는 블레드 섬이 떠 있는 것이 보였다. 어떻게 호수 한가운데에 오롯하게 섬이 떠 있을 수 있을까. 섬의 생성 과정은 이렇다. 과거 알프스 빙하가 이곳에 쓸려 왔을 때, 거대한 바위가 빙하를 가로막았다. 빙하는 세월이 지나 녹으며 지금 블레드 분지를 가득 채웠고, 바위는 오랜 세월 쓸리고 쓸리면서 블레드 섬이 되었다. 자연이 가장 아름다운 예술 작품을 만들어 낸 것이다. 긴 세월 조금씩 변해 왔던 순간 중 가장 아름다울 찰나에 이곳에 있다는 것이 감격스러웠다.

성까지 다녀오고 호수로 내려왔을 때는 날이 활짝 개 있었다. 햇살에 반짝 빛나는 호수 주위로는 오리 떼들이 나와 잔디 위에서 깃에 얼굴을 묻고 잠을 청했다. 바람에 물살이 일어 호수 표면이 구불구불해졌다. 해가 쨍하게 내리쬐는 블레드 호수 벤치에 앉아 나른하게 졸고 싶어지는 풍경이었다.

블레드로 가는 방법

수도 류블랴나에 머물면서 블레드까지 당일치기로 다녀오는 것이 가장 좋다.

- 류블랴나 기차역 바로 옆에 있는 버스터미널에서 보니히(Bohini)행 버스를 타면 되는데, 블레드는 인기 있는 관광지라 버스가 자주(30분~1시간 간격) 있는 편이다. 블레드에서는 총 두 곳에 정차하는데, 첫 번째 정차하는 곳은 블레드 기차역이고, 두 번째 정차하는 곳(Bled Mlino)이 호수에서 가깝다. 1시간 30분 소요.
- 오스트리아 잘츠부르크나 크로아티아 자그레브에서도 블레드까지 열차로 이동할 수 있다. 약 3~4시간 소요.

크로아티아 Croatia
자다르

바다와 바람의 환상 하모니, 바다오르간

자다르는 '고대의 도시'라는 명칭이 어울리는 곳이었다. 견고한 성벽이 바다와 마을의 경계를 가르고 있었고, 마을 입구에는 작은 배 수십 척이 정박해 있는 소박한 항구가, 뒤로는 끝없이 펼쳐진 청푸른 아드리아 해가 한눈에 들어왔다. 굵직한 신전 기둥 같은 구시가지 입구를 넘어섰을 때, 시간을 거슬러 고대의 도시에 들어선다. 윤이 나는 대리석 바닥의 좁은 길은 3천 년 자다르의 역사가 담겨 있는 흔적 그 자체다. 반짝이는 바닥을 신기한 듯이 발로 문질러 본다. 단단하고, 미끄럽고, 시원한 대리석의 감촉이 운동화를 넘어 맨살에 닿는 것 같았다. 이 사소한 행동이 도시의 정체성을 알아채는 주문이라도 된 듯, 익숙하고 친숙하게 이 낯선 도시를 받아들인다.

자다르에는 바닷가를 제외하고 넓은 대로가 없다. 대리석 바닥의 좁은 골목길이 거미줄처럼 이어진 자다르 마을. 3천 년의 역사를 가진 마을과 조우하는 순간, 그 시간 속으로 흘러들어 간다.

J와 나는 마을 입구에서 숙소 주인인 안드레아를 만나기로 했다. 숙소가 찾기 어려운 곳에 있다고 해서 이곳으로 직접 마중 나오기로 한 것이다.

"너희, 아까 나랑 이야기했었지! 정말 반갑다."

훤칠한 키, 곱슬곱슬한 금발, 조각 같은 외모를 가진, 그야말로 고대 로마인 같은 사람이 우리를 향해 손을 흔든다. 그는 얼굴에 미소를 띠며, 유쾌하게 이야기를 이어나가기 시작했다.

"자다르, 정말 좋지! 너희 이곳에서 정말 행복하지 않아?"

"다음은 스플리트로 갈 거야? 자다르 정말 볼거리가 많은 곳인데 말이야! 얼마든지 더 머물러도 좋다고!"

한참 대화를 하다 보니 뭔가 이상했다. 그는 마치 전에 우리를 몇 번이나 만났던 양 이야기하고 있었고, 그제야 그의 정체에 의심이 들었다.

"혹시 당신이 안드레아 맞나요?"

그는 대답할 생각조차 하지 않은 채 횡설수설하며 알 수 없는 말을 이어갔다. 그 아리송한 대화판에 한 아주머니가 불쑥 끼어들며 대답했다.

"내가 안드레아예요."

상황은 간단히 해결됐지만, 이 남자는 이런 상황이 그저 즐거운 것 같았다. 정체 모를 그는 유쾌하게 손을 흔들며 사라졌다. 외국인 눈에 동양인은 다 똑같이 생겼다고 하니, 어제 만난 동양인들과 착각한 걸지도 모르겠다는 내 말에 J는 그 남자에게서 술 냄새가 났다며 취해서 그런 것이라고 추측했다. 아무려면 어떤가. 자다르에 온 환영인사 한번 제대로 받은 셈 친다.

남자의 발랄하고 경쾌한 분위기와는 다르게 자다르는 한적하고 고요한 도시였다. 거미줄처럼 이어져 있는 비좁은 골목 양쪽으로는 낡은 건물들이 즐비했다. 이런 작은 도시에 침략의 역사가 끊이지 않았다는 사실은 그다지 피부로 와 닿지 않는다. 자다르는 크로아티아 대부분의 도시가 그렇듯 12세기부터 줄곧 헝가리, 이탈리아, 프랑스, 오스트리아, 터키 등 인근 나라의 침략을 받아온 곳이다. 그 흔적은 마을의 주요 관광지에서 확인할 수 있었다. 오스만튀르크의 공격에 대비해 식수를 확보하려고 만든 5개의 우물(전쟁 대비용으로 만든 것 치고는 굉장히 우아하고 감각적이기까지 했다), 2차 세계대전의 폭격으로 건물의 잔해만 덩그러니 남아 있는 포룸(Forum) 광장, 그리고 마을 전체를 둘러싸고 있는 견고한 성벽까지. 자다르를 감싸고 있는 우울한 기운은 이런 침략의 역사 한 틈에서 새어 나온 것이리라.

골목을 정처 없이 걷다 허기를 채우기 위해 레스토랑을 찾았다. 작은 골목이 많은 도시답게 그 안에 숨은 레스토랑을 찾는 것도 하나의 재미다. 비좁은 골목길 중간에 있는 한적한 레스토랑에 자리를 잡고, 해물리조토를 주문했다. 크로아티아 음식은 무척 짠 편인데, 다행히 이 리조토는 간이 맞는다. 게다가 매콤하기까지! 해산물이 듬뿍 담긴 이 음식을 먹고 있자니, 바다 내음이 나는 듯하다. 바다, 그렇다. 그다지 알려지지 않은 이곳을 선택한 것은 오로지 '바다의 특별한 소리' 때문이었다.

모범생 같기만 한 자다르에도 근사한 명물이 하나 있다. 바다와 맞닿아 있는 네모반듯한 돌길을 끝까지 걷다 보면, 많은 관광객들이 바다 바로 앞 계단에 앉아 있는 것을 볼 수 있는데, 그곳이 이름조차 낭만적인 '바다오르간(Moske Orgulje)'이다. 원리는 이렇다. 바다와 맞닿은 계단의 앞면에는 파이프로 연결된 작은 구멍이 뚫려 있고, 그 안으로 파도가 들어차면서 공기와 함께 영롱한 소리가 울리는 것이다. 띵~, 뿌우~, 따랑~ 제각각 다른 소리를 만들어내는 이 악기는 큰 울림통이 달린 실로폰 소리와도 비슷하다. 가끔씩 물이 급하게 들어왔다 나갈 때는 파이프오르간처럼 탁하고 굵은 소리가 나기도 했다. 이 놀라운 자연 악기 건축물은 2005년, 건축가 니콜라 바시치(Nikola Vasic)가 만든 작품이다. 섬마을에서 자란 그는 파도 소리나 뱃고동 소리를 듣고 자라난 덕분에 이 바다오르간에 대한 영감을 얻을 수 있었다고 한다.

해 질 녘 붉게 물들어가는 바다를 보며, 자연이 연주하는 소리를 듣는 것은 생각보다 훨씬 더 낭만적이었다. 바람이 부는 대로, 파도가 쓸려 오는 대로 제각각의 소리를 내는 오르간은 지구의 호흡이었다. 숨을 한 번 들이마시고 내쉴 때마다, 숨을 크게 들이쉬고 작게 들이쉴 때마다 미묘하게 다른 소리를 내는 이 악기는 어떤 악기보다 섬세하고 정확하다. 나는 세이렌의 노랫소리에 홀리듯 파도의 하모니에 빠져들었다. 아름다운 석양은 이 연주회의 하이라이트였다. 알프레드 히치콕 감독은 자다르를 '세계에서 가장 아름다운 석양을 볼 수 있는 곳'이라고 했다는데, 그 말에 백 번이고 동의한다. 자다르 도시 끝에서 지는 해는 바로 눈앞에서 서서히 떨어지는 것 같았고, 아름다운 풍경에 눈을 뗄 수가 없었다.

해가 완전히 지고 나면 사람들은 바다오르간 바로 뒤, 광장에 모인다. 이곳에는 태양의 인사(Greeting To The Sun)라는 니콜라 바시치의 또 다른 작품이 있다. 낮 동안 내리쬐는 태양열을 저장해두었다가 해가 완전히 지고 나면 태양에너지를 원동력으로 커다란 LED판에 색색의 화려한 불빛이 들어온다. 빛이 들어오는 LED판이 신기한지, 아이들이 신나게 뛰어다니고 있었다. 서로 껴안고 바다오르간을 향해 서 있는 노부부, 손을 맞잡고 태양의 인사에 불이 들어오기만을 기다리고 있는 연인들. 모든 것이 한 폭의 그림 같았고, 여기 있는 사람들이 느끼는 평화로움과 행복감이 내게도 고스란히 전달됐다.

그 순간, 이곳에서 처음 만났던 고대 로마인의 '자다르 예찬'이 떠올랐다.

"자다르, 정말 좋지! 너희 이곳에서 정말 행복하지 않아?"
지금 내가 느끼는 심정을 예견이라도 한 것처럼…….

해가 질 무렵, 바다오르간이 울려 퍼지는 바다 끝에 앉았다. 물이 들어찰 때마다 영롱하게 공중으로 퍼지는 자연의 소리를 들으며 세상에서 가장 아름다운 석양을 본다.

밤이면 태양에너지를 활용한 조명쇼가 펼쳐지는 '태양의 인사'

자다르로 가는 방법

크로아티아는 버스 인프라가 잘돼 있기 때문에 어느 지역에서건 이동이 쉬운 편이다. 자그레브에서 버스로 4시간, 플리트비체 국립공원(또는 무키네 마을 입구)에서는 3시간 정도 소요.

플리트비체에서 자다르까지 가는 택시

자다르에 가기 위해 무키네 마을 앞에서 버스를 기다리고 있을 때였다. 승용차 한 대가 멈추더니, 행선지를 물었다. 그러더니 흥정을 시작했다.
"자다르까지 100쿠나면 가는데 타고 가지 않겠어요?"
너무 수상해 보여 단칼에 거절했더니, 운전기사는 억울하다는 표정으로 택시라고 적힌 갓등을 꺼냈다. 자기는 이상한 사람이 아니라 택시기사일 뿐이라고 설득했지만 못내 의심스러워 몇 번이고 거절했고, 결국 어깨를 한 번 들썩 하더니 쌩하니 가버렸다. 후에 인터넷에서 얼핏 본 내용이 떠올랐다. 간혹 버스정류장에서 사설 택시가 종종 차를 세운 뒤 흥정을 한다고 했다. 평은 좋았다. 버스비와 별 차이가 없을뿐더러 훨씬 빨리, 편하게 이동할 수 있다는 것이었다. 20분 정도 더 기다리고 나서야 탈 수 있었던 버스. 택시비와 그리 차이 나지 않는 요금(92쿠나)을 낸 데다가 자다르에는 예정 시간보다 1시간 후에나 도착할 수 있었으니 그제야 후회해도 소용없는 일이었다.

갖고 싶은 자다르의 도시 모형

여행에 가면 꼭 모으는 기념품들 한 가지씩은 있을 것이다. 열쇠고리, 마그네틱, 전통 인형, 또는 도시 모형 등. 나는 어떤 도시에 가면 그 도시나 건물을 재연한 미니 모형을 수집한다. 여러 도시를 다니다 보면 그 모형의 질은 천차만별이다. 세공에 공을 들여놔 저절로 지갑을 열게 만드는 곳이 있는가 하면, 조잡하고 칠이 벗겨진 모형을 어쩔 수 없이 사게 되는 경우가 있다. 자다르는 모형이 가장 예뻤던 도시 중 하나였다. 도자기로 빚어 놓아 고급스러워 보이는 데다가 하얀 건물에 주황빛 지붕까지 완벽하게 재연해 놓았다. 제각각인 모양의 건물을 한데 모아 놓으면 멋진 자다르 도시가 그대로 완성된다. 가격은 개당 15~25쿠나로 질에 비해 저렴한 편. 특히 자다르는 다른 유명 도시들(두브로브니크, 스플리트 등)보다 대부분의 기념품이 저렴한 편이니, 다른 기념품도 이곳에서 사두는 편이 좋다.

카푸치노가 저렴한 아드리아 해 노천카페에 종일 머물다

코발트 빛 아드리아 해(Mare Adriatico)가 보이는 노천 카페에 자리를 잡았다. 관광객들이 썰물처럼 빠져나간 오후쯤에는 한적한 자다르를 독차지할 수 있다. 소위 요즘 관광지로 뜨고 있는 크로아티아는 다른 동유럽 국가에 비해 물가가 좀 비싼데, 커피만큼은 저렴한 편에 속한다. 이 카페의 카푸치노는 10쿠나. 한화로 2천 원 정도이니 시간만 된다면 전망 좋은 곳에 위치한 '카페 순례'를 다녀도 좋을 것이다.

카페 오른쪽으로는 로마시대부터 존재했다던 포룸(Forum) 광장이 있었다. 광장에서 가장 눈에 띄는 것은 단연 성 도나타 성당(St. Donatus). 9세기에 지어진 이 역사 깊은 성당은 무엇보다 투박함과 묵직함이 관건이다. 돌로 촘촘히 메워진 거대한 원통형의 몸체는 창이 거의 없어 갑갑함이 느껴질 법도 하지만, 그 위를 덮고 있는 붉은색의

원통형의 투박한 돌로 단단히 세워진 도나타 성당.
가장 오래된 건물이자 자다르의 상징이다.

돔이 생기를 불어넣는다. 성당 옆에는 '수치심 기둥(Pillar of Shame)'이라 불리는 기둥이 덩그러니 놓여 있었다. 과거에는 형을 선고받은 죄수들을 이곳에 묶어 놓고 사람들의 조롱을 받도록 했단다. 조롱이 형벌이 되는 시대가 있었다는 것이 새삼스럽다.

종업원이 하얀 거품이 풍성하게 올라온 카푸치노를 가져다준다. 부드러운 거품과 함께 목으로 넘어오는 쌉싸름한 커피는 다시 자다르의 아름다운 풍경으로 눈을 돌리게끔 만든다. 작은 오솔길 위로 자전거를 타고 지나가는 사람들이 보인다. 아이들의 손을 잡고 걸어가는 단란한 가족들은 이 평화로운 도시와 너무나도 잘 어울리는 풍경이었다. 길 건너 아드리아 해와 그 위를 날아다니는 갈매기 떼가 눈에 들어왔다. 햇빛에 달궈져 후끈해진 대기를 가르며 칼날처럼 휘젓고 다니는 날갯짓에 시선을 빼앗긴다. 이곳에 영영 머물 수도 원할 때 떠날 수도 있는 그들이

전쟁으로 지금은 잔해만 남아 있는 포룸 광장.
그곳은 거대한 공터로 보였다. 하지만
여전히 사람들이 모여드는 광장이었다.
아이들은 광장을 놀이터 삼아 무너진
돌무더기 위를 달리고 구르며 깔깔댄다.

부럽다고 여겨질 때쯤, 갈매기의 날갯짓이 점점 느려지는 것처럼 느껴졌다. 그리고 얼마간은 나를 제외한 모든 것이 슬로 모션으로 움직이는 듯한 착각이 들었다. 시간이란 얼마나 주관적인지. 1분, 1시간, 하루라는 개념이 무의미하게 느껴졌고, 이곳에서의 시간은 낱낱이 쪼개지는 것 같았다. 그때 나는 순간 갈매기처럼 자유로워진 기분이 들었다. 시간이 나를 옭아매는 것이 아닌, 내가 시간을 지배하는 기분이란. 현실과 일에 묶여 시간을 보냈더라면 아마 평생 알 수 없는 것일지도 몰랐다. 그리고 그날, 나는 안드레아의 방에서 이런 비슷한 기분을 다시 한 번 느꼈다.

자다르에서 하루 더 머물고 난 후, 야간버스를 타고 두브로브니크로 떠나야 하는 일정이었다. 안드레아에게 터미널까지 가는 택시를 불러 달라고 부탁했다. 안드레아는 자신의 방으로 나를 들어오게 했다. 그곳은 안드레아가 숙소를 운영하며 머무는 임시 공간이었는데, 10평 남짓 되어 보이는 방에는 주황색 타월이 덮인 소파, 낡은 침대, 싱크대가 벽의 각 면에 붙어 있었다. 나는 방 한가운데 자리한 커다란 테이블에 앉았다. 체크무늬 테이블보 위에는 과자, 지도, 필기도구들이 어지럽게 널려 있었고, 나는 안드레아가 내어준 과자를 한입 베어 물었다. 그녀는 담배를 입에 문 채, 수화기를 든 후 다이얼을 눌렀다. 택시 회사와 연결이 잘 안 되는지, 끊었다가 걸었다가를 반복했다. 매캐한 담배 연기와 달콤한 과자 맛이 목 안에서 뒤섞이면서 이질감이 느껴졌다. 그리고 계속해서 수화기를 들었다 놓았다 하는 안드레아의 행동이 슬로 모션처럼 움직이기 시작했다. 나는 정지되어 있고, 그녀는 5배 정도 느리게 움직였다. 흩어지는 담배 연기에 숨어 그녀의 생활 한 부분을 훔쳐보는 것 같았다. 기분이 묘했다.

"택시는 5분 내로 도착할 거예요."

그녀의 말에 번뜩 현실로 돌아왔다. 택시를 타러 나갈 때, 안드레아는 내가 길을 못 찾을까 봐 걱정이 된다며 함께 나섰다. 자다르의 대리석 바닥이 조명을 받아 붉게 빛났다. 앞서 걷는 그녀는 어제 처음 만났을 때와 같은 옷차림이었다. 짙푸른 색의 카디건, 발목까지 내려오는 검은 치마. 손바닥만 한 가죽 가방, 그리고 종종걸음까지. 그녀의 모습에서 왠지 모르게 자다르의 모습이 연상됐다. 짙푸른 바다, 잿빛 건물들, 그리고 반짝이는 대리석 바닥이 그랬다. 일부러 택시 타는 곳까지 바래다 준 안드레아의 배려가 고마워 열쇠고리를 선물했다. 영문을 몰라 하는 얼굴을 하기에, "그동안 고마워서, 당신에게 주는 거예요"라고 했더니 그제야 받아 들고선 미소를 지었다. 그녀는 "챠오챠오(Ciao, Ciao, 안녕)" 하며 손을 여러 번 흔들고는 돌아섰다. 그렇게 자다르와 안녕을 고했다.

그 후 자다르를 떠올릴 때 나는 아드리아 해의 바다오르간과 함께 안드레아의 종종걸음, 그리고 담배 연기가 떠오르곤 한다. 자다르에 다시 가면 그녀는 같은 옷을 입고 여전히 나를 반겨 줄까? 항상 그곳에 변치 않고 있을 것만 같은 우직함 그리고 평화로움. 그곳의 시간은 느리게 흘러 모든 것이 그대로 정지되어 있을 것 같았다.

아드리아 해 푸른 바다가 자다르를 둘러싸고 있다.
특히 이곳의 하늘과 바다의 조화는 눈부시게 아름답다.
바다 한가운데는 관광객을 태운 나룻배가 조용히 흘러간다.

헝가리 Hungary

부다페스트

도시를 잇다, 사람을 잇다,
부다페스트의 특별한 다리들

어부의 요새(Fisherman's Bastion)에 대한 호기심은 이름에서부터 시작됐다.

내가 알기로 성이나 요새의 이름에는 지명을 붙이는 것이 보통이었다. 거쳐 왔던 몇 나라만 봐도 그랬다. 독일 하이델베르크 성, 체코 프라하 성, 오스트리아의 호엔 잘츠부르크 요새 등. 그런데 부다페스트의 이 요새는 특이하게도 '어부'라는 직업군이 붙어 있다. 이유는 단순했다. 과거 어부들이 적으로부터 부다페스트를 방어하는 데 기여했고, 그것을 기념하기 위해 세운 요새라는 것. '나라를 지키고자 했던 용맹한 어부들'을 기리기 위한 이 요새는 그 어떤 곳보다 의미 있어 보였다.

굳건히 도시를 방어했던 어부들을
기리기 위한 어부의 요새.
단단하면서 아름답게 언덕을 휘감은
요새의 아름다운 곡선을 보면
그저 감탄만 나올 뿐이다.

요새는 부다 왕궁이 들어선 높은 언덕 위에 있었다. 그리고 이곳에 올랐을 때는 칼바람이 사정없이 몰아치고 있었다. 10월 초인데도 겨울 초입 같았다. 어떻게 안 건지 그곳에 있는 외국인들은 한결같이 겨울 패딩을 입고 있었다. 그들의 계절 시계는 나와 다르게 돌아가는 건가? 지내온 환경이 다르니 당연한 것 아닌가 싶다가도, 얇은 점퍼 한 장만 달랑 걸치며 덜덜 떨고 있는 내 모습이 초라하게 느껴졌

다. 반면, 날카로운 바람 안 어부의 요새는 단단하게 그 자리를 지키고 서 있었다. 과거 적군에 대항하는 어부들이 그랬던 것처럼.

요새는 언덕 끝에 세워진 거대한 성벽 정도로 보였다. 디즈니 성 같은 모양이라고들 한다는데 엇비슷해 보인다. 아니, 나는 디즈니의 색색의 화려한 성보다 이 단출한 성벽이 더 마음에 들었다. 회색과 상아색이 섞인 투박한 대리석으로 세워진

영화 <글루미 선데이>의 음악이 어울리는 날이었다.
어부의 요새에서 도나우 강 너머 국회의사당의
아름다운 건물이 한눈에 들어왔다.
비지바로시(Vizivaros), 물의 궁전을 보다.

요새의 선은 부드럽고 고왔다. 설탕으로 올린 것 아닌가 싶을 정도로 뽀얗고, 심지어 달달해 보이기도 했다. 요새 꼭대기에는 뾰족한 일곱 개의 탑이 우아하게 솟아 있다. 탑은 헝가리인의 선조격인 마자르의 7개 부족을 상징한다고 했다. 헝가리를 건국하고 지켰던 정신이 이곳에 담겨 있을 것이다. 벽 곳곳에는 아치형의 문이 있어서 부다페스트 전망과 함께 데칼코마니 같은 반대편의 요새를 감상할 수도 있었다.

이 언덕에서 볼 수 있는 것은 어부의 요새 외에도, 마차시 교회(Matthias Church)와 부다 왕궁(Buda Castle)이 있지만, 가장 매력적인 것은 시원하게 내려다 보이는 전망이었다. 어부의 요새 끝에 서서 보니 화려함의 극치인 국회의사당 건물, 그리고 그 아래로 흐르는 도나우(Donau) 강이 한눈에 들어온다. 독일에서 오스트리아, 체코, 헝가리를 거쳐 루마니아, 불가리아까지 동유럽 전체를 관통하는 강이다. 반평생을 반도에서 살아온 내가 유럽에서 가장 생소했던 것은 '연결'이었다. 다른 나라까지 육로로 이동하는 것도, 같은 언어를 쓰는 것도, 강과 산이 이 나라에서 저 나라로 이어져 있는 것도 너무나 당연한 것들이지만, 내겐 어색했다. 버스나 기차를 타고 다른 나라로 가는 것은 매 순간 가슴 떨리는 경험이었다. 아마 단절이 익숙하기 때문일 것이다. 위로는 막혀 있고, 사방이 바다에 둘러싸인 영토들. 이웃나라와는 물론이고 한 민족끼리도 단절된 반쪽 나라. 그곳에서 평생을 살아왔으니 말이다. 그래서 나는 우리나라 학생들이 해외로 배낭여행을 가는 것을 적극적으로 권하고 싶다. 열려 있는 나라에서 여러 체험을 통해 태어날 때부터 가질 수밖에 없는 단절이라는 폐쇄성과 한계를 극복할 수 있을 것이라 믿기 때문에.

부다페스트는 도나우 강을 사이에 두고 땅이 반으로 갈라진 형태인데, 어부의 요새가 있는 언덕배기는 부다(Buda) 지역, 도나우 강 건너편의 시가지는 페스트(Pest) 지역으로 불린다. 이 두 지명이 합쳐져 '부다페스트'가 되니, 그것 또한 재미있다. 그리고 그 떨어져 있는 두 지역을 연결하고 있는 것은 강 위를 가로지르는 우아한 다리들이었다.

가장 먼저 눈에 들어온 것은 엘리자베스 다리(Erzsebet Hid)였다. 흰색의 세련된 모양새가 단연 돋보이는 이 다리는 합스부르크 왕가의 엘리자베스 황후를 위해 세워진 것이다. 합스부르크 왕가의 프란츠 요셉과 결혼한 엘리자베스는 엄격했던 궁정 생활에 적응을 못하고, 힘든 나날을 보내야만 했다. 특히 그녀는 그 자유로움의 열망을 세계 여행을 통해 찾았다. 그리고 여러 나라 중에서도 헝가리를 무척 사랑했다고 전해진다. 합스부르크의 통치에 시달리고 대항하는 그들에게 동질감을 느꼈던 것이다. 그녀는 나중에는 부다페스트에 머물렀고, 헝가리어를 배우기도 했다. 헝가리인들도 그런 그녀를 무척 좋아했다고 하는데 그녀의 이름을 딴 이 다리가 증거일 것이다. 빈의 쇤브룬 궁전에서 봤던 황후의 초상화가 떠올랐다. 갈색의 깊은 눈동자와 등까지 내려오는 갈색 머리, 풍성한 백색 드레스를 입은 모습이 백색 다리의 우아함과 겹치는 것 같았다.

엘리자베스 다리 옆에는 부다페스트에서 가장 유명한 세체니 다리(Szecheny Lanchid)가 있었다. 도나우 강에 세워진 최초의 다리라는 것만으로도 역사적 의미가 깊은 곳이다. 이 다리가 세워지기 전까지만 해도 부다와 페스트 지구는 왕래가 많지 않았다고 한다. 세체니 다리가 건설된 시기는 1849년. 그러니까 두 도시가 완전히 하나가 된 것은 160년 남짓 된 셈이다. 어부의 다리가 있는 언덕길에서 내려오니, 세체니 다리 앞에 도달한다. 다리 양 끝을 지키고 있는 혀 없는 사자상을 지나자 철골물로 굳건히 세워진 다리의 세밀한 형태가 눈에 들어오기 시작했

부다페스트의 상징, 세체니 다리. 이 다리로 부다와 페스트 지역은 하나가 됐다.

다. 세체니 다리는 만들어질 당시 유럽에서 가장 긴 다리였을 뿐 아니라 무척 세련되고 현대적인 건축물이었다고 전해진다.

상상해 본다. 다리가 처음 지어졌을 당시, 하나둘씩 반대편 지역으로 건너갔을 사람들을. 그리고 그 수는 점점 불어나고, 점점 하나의 도시로 되어가는 과정을.

다리 위에는 나처럼 다리 너머 도나우 강의 풍경을 바라보는 사람들, 또는 자전거를 타고 지나가는 사람, 바쁘게 걸어다니는 사람들이 보인다. 옆의 넓은 도로에는 부다와 페스트를 왕복하는 차들로 가득 차 있다. 이 모든 사람들을 하나로 엮고 있는 듯 다리의 케이블은 단단하게 꽁꽁 매여 있었다.

여러 다리 중 가장 좋았던 곳은 마가렛 다리(Margit Hid)였다. 역사적으로 의미가 있거나 미관상 훌륭한 곳은 아니었다. 다만 밤에 한적하게 야경을 볼 수 있는 장소로 이곳만큼 근사한 곳이 없었다. 가는 방법은 까다로웠다. 메트로와 트램을 여러 번 갈아타야 했기 때문이다. 트램은 다리 초입에서 정차했다. 게다가 내리는 사람은 나 한 명뿐이었다. 밤의 다리 위 인적은 드물었고, 간혹 조깅 및 산책을 하는 사람들, 다리 위에 앉아 맥주를 마시며 야경을 감상하는 사람들이 한두 명 보였다. 이곳에서는 왕궁과 국회의사당 세체니 다리까지 부다페스트의 모든 명소를 한눈에 볼 수 있다. 조명이 상대적으로 약한 곳이라 멀리서 보이는 풍경이 더 화려하고 진하게 다가온다. 밤의 부다페스트를 어떤 말로 설명할 수 있으랴. 부다페스트의 낮이 물의 도시였다면, 밤은 황금의 도시였다. 화려한 조명은 건물과 도나우 강 아래까지 금빛으로 수놓고 있었다. 나는 불 근처를 정신없이 맴도는 불나방처럼 이 아름다운 풍광을 넋 놓고 바라볼 수밖에 없었다.

테러하우스, 그리고 서대문형무소

옥토곤(Oktogon) 역. 나치와 공산당의 상징이 새겨진 거대한 철제 간판이 보인다. 바로 테러하우스(The House of Terror)다. 2차 세계대전 중 독일군에 희생된 헝가리의 역사를 상기하기 위해 설립된 기념관으로 항상 많은 관광객들이 북적이는 명소다. 나치가 사용하던 건물을 그대로 사용하고 있는 이 박물관에는 총 3층에 걸쳐 전쟁의 비극을 다룬 영상, 감옥 및 고문실 등이 있다. 이곳에 들어섰을 때, 전시실을 채우고 있는 모니터에서는 끊임없이 울부짖는 사람들의 모습이 방영되고 있었다. 한 화면에서는 구덩이에 사람을 생매장시키는 잔인한 장면이 보였다. 나치에게 학살당하는 유대인의 모습이 적나라하게 드러나는 것을 보니 우울함이 몰려 왔다.

그리고 동시에 얼마 전 다녀왔던 서대문형무소가 떠올랐다. 그곳 역시 일제강점기 때 독립운동가를 감금했던 감옥, 고문 방법 등이 재연되어 있었고, 한 방에는 나라를 위해 희생한 독립운동가들의 사진이 벽에 빼곡히 붙어 있었다. 슬픔과 분노에 마음이 무거워졌다. 그곳의 관람객은 한 할머니와 나뿐이었다.

테러하우스 3층 엘리베이터 앞, 전시관 2개를 가로지를 만큼 길게 늘어선 관람객 줄이 보였다. 나치에 의한 아픈 역사가 전 유럽인의 관심을 받는 것이 당연하다고 생각되면서도 썰렁한 서대문형무소를 생각하면 마음이 좋지만은 않았다. 그곳만큼 우리 근현대사의 아픔을 잘 나타내주는 곳이 어디 있으며, 봐주지 않는다면 기념관이 무슨 소용이겠는가. 모쪼록 차후에 우리나라를 찾는 사람이라면 누구든 한 번쯤은 들러야 하는 명소로 알려지길 바랄 뿐이다. (2014년 4월 서대문형무소를 유네스코 세계 유산으로 지정하기 위한 결의안이 국회에서 통과되었다고 하니 기대해 볼 일이다.)

- 주소 1062 Budapest, Andrássy út 60
- 가는 법 Oktogon 역에서 도보 5분 소요
- 운영시간 10:00~18:00, 월요일 휴무
- 요금 2,000포린트
- 홈페이지 www.terrorhaza.hu

TICKET · JEGY · TICKET · JEGY

부다페스트의 황금빛을 찾아서

부다페스트에서 시간은 충분했다. 한 나라의 수도라도 정해져 있는 관광지는 한정되어 있는 편이라서 주어진 3일 동안 도시를 샅샅이 뒤지고도 시간이 남을 정도였다. 유명한 부다 지역의 왕궁과 어부의 요새, 마차시 성당, 그리고 중앙시장까지 속성으로 둘러보고, 남은 기간은 발길 닿는 대로 다니기 시작했다. 그중 유독 마음에 남는 여행지들 몇 곳이 있었는데, 모두 우아한 '황금빛'을 띠고 있다는 것으로 관통한다. 희한하게도 그랬다. 그리고 그 후로 부다페스트를 떠올리면 상징처럼 황금색의 어떤 것들이 줄줄이 연상됐다.

한 카페에 들렀을 때였다. 그곳의 천장과 벽은 온통 황금색이었다. 천장에는 이탈리아 성당에 있을 법한 고풍스러운 그림과 거대한 금빛 샹들리에가 걸려 있었다. 다른 곳 두 배 높이의 천장과 금빛 테두리로 둘러싸인 대형 거울들은 공간을 무한대로 넓혀 놓았다. 마치 과거의 왕궁에 초대받은 기분이었다.

"어서 오세요. 이쪽으로 앉으세요."

카페의 화려한 내부에 눈을 휘둥그레 뜨고 있을 때, 말끔한 황색 셔츠와 앞치마를 두른 종업원이 나를 중앙 테이블로 이끌었다.

이상하게도 부다페스트를 매혹적이게 만드는 것들, 그러니까 글루미한 도시 분위기라든가 로마시대부터 내려왔다는 전통 있는 세체니 온천이라든가 하는 것들이 시시하게 여겨졌다. 예전부터 어떤 것이든 남들이 환호하는 것을 보면 이상하게 마음이 식어버리곤 했는데, 그 청개구리 기질은 여행에서도 어김없이 발현된다. 그런데 우연찮게 발견한 이 카페가 단번에 내 마음을 사로잡았다. 그다지 알려진 카페가 아니라는 것, 화려한 인테리어, 서점이 함께 있는 카페라는 점이 그랬다.

부다페스트는 합스부르크 왕가의 영향으로 카페 문화가 발달해 있는 편이다. 카페 문화로는 빈이 유명하지만, 멋지고 근사한 카페는 부다페스트에도 많았다. 베토벤·슈베르트·클림트가 드나들었다는 빈의 한 카페는 유명한 예술가들이 들렀다는 것 말고는 평범한 편이었다. 비싼 커피와 디저트 값은 부담스러웠다. 빈의 카페에 실망했던 것은 주문을 받고도 기척 없이 냉랭한 분위기를 풍겼던 한 웨이터 때문인지도 모른다.

이 화려하면서도 친절한 카페의 이름은 '알렉산드라(Alexandra)'였다. 어디에 붙여도 어울리는 흔한 상호라 특별한 이곳과 그다지 어울리지 않는다는 생각이 잠깐 들었다. 자리에 앉은 지 얼마 안 돼 종업원이 카페라테와 딸기를 듬뿍 올린 케

이토록 화려한 카페가 있을까.
이 카페가 더 매력적인 것은,
아래층에는 책이 가득 쌓인 서점이,
바로 앞에는 클래식 연주를 하는
피아니스트가 있기 때문일지도.

이크를 가져온다. 달콤한 맛도 맛이지만, 1,100포린트(한화 약 5천 원)의 저렴한 가격에 반하고야 만다. 지불한 값에 비해 옵션이 많아 생각지도 못한 호사를 이곳에서 누린다.

시간이 조금 흘렀을 때, 카페 한가운데에서 누군가 피아노 연주를 하기 시작했다. 헐렁한 정장을 입은 연주자는 사람들의 무관심에도 개의치 않고 피아노 연주에 집중했는데, 이 모습을 보자 영화 〈글루미 선데이〉의 주인공 안드라스가 피아노를 치던 장면이 떠올랐다. 영화에서 유명한 '자살의 찬가'를 연주하는 장면이었다. 실제로 이 노래를 듣고 자살한 사람만 수십 명에 달한다는 설은 아직까지도 헝가리의 미스터리로 남아 있다. 하지만 독일 나치시대의 학살과 억압이 난무했던 헝가리의 시대적 상황을 생각한다면, 이런 스토리는 그저 비극을 낭만으로 포장한 것에 불과했다. 하필 그런 암흑시대에, 천재 음악가의 마음을 울리는 음악이, 비탄에 잠겨 있던 헝가리 사람들에게 전해진 것일 뿐이리라. 생각이 꼬리를 물다 체코에서 지나쳤던 사람들이 생각났다. 체코 역시 약 300년간 오스트리아 합스부르크가의 지배를 받은 역사가 있다. 한결같이 무뚝뚝함과 우울함이 담겨 있는 표정들. 이것은 순간의 피로가 아닌 세대를 이어 내려온 피지배자의 아픔과 우울함이었다. 그 흔적을 헝가리에서도 느꼈고, 그것은 우리나라의 한의 정서와도 비슷해 보였다.

이곳의 피아니스트는 자살 충동이 절대 일어나지 않을 경쾌하고 감미로운 곡을 연달아 연주했고, 카페 분위기는 한층 더 들떴다. 3층에 위치한 카페 아래층에는 대형 서점이 자리를 차지하고 있다. 카페의 분위기와 다르게 서점은 무척 현대적이었다. 넓고 거대한 대리석 홀 위에는 번쩍이는 까만 선반이 가득 했고, 책은 그 위에 무섭게 쌓여 있거나 칼같이 세워져 있었다. 냉랭한 이런 분위기에서 자유롭게 책을 보기는 어려워 보였다. 그럼에도 서점이 매혹적일 수밖에 없는 이유는 꼭대기에 있는 황금빛 궁전 카페 덕분이었다. 실제로 서점에서 책을 구입해 카페로 올라와 책을 읽는 사람들도 몇 명 있었는데, 그것은 현대의 창고에서 압축된 지식결정체 한 개를 집어들고, 마치 시대를 뛰어넘어 중세시대의 화려한 홀에서 책을 읽는 기분일 것 같았다. 서점에서 카페로 올라오는 에스컬레이터에 시간의 틈새라도 있는 것처럼.

카페에서의 여유 있는 시간은 오래가지 못했다. 저녁에 예매한 발레 공연을 보러 가려면 시간이 촉박했기 때문이다. 여행 중 공연을 보는 것은 내가 즐기는 고급 놀이 중 하나였다. 대부분의 유럽 공연은 오래된 극장에서 열리는데, 몇 백 년 전 지어진 건축물에서 공연을 보는 것은 감회가 남다르다. 우리나라에서는 비싼 편인 공연을 저렴한 값에(심지어 영화 한편 값에!) 볼 수 있다는 것은 더할 나위 없는 메리트다. 헝가리의 경우 프란츠 리스트(Franz Liszt), 졸탄 코다이(Zoltán Kodály) 등 뛰어난 예술가들을 배출시킨 나라답게 국민들의 문화 예술에 대한 욕구가 높은 편이다. 공연장 또한 오페라하우스, 국립극장을 비롯해 30여 개에 달하며, 공연 문화도 대중화되어 있다. 오늘 나는 도스토옙스키의 소설을 토대로 만들어진 〈카라마조프의 형제들〉 발레 공연을 볼 예정이었다.

공연이 열리는 국립 오페라극장에 들어섰을 때, 공연장을 감싸고 있는 황금빛의 거대한 발코니 좌석들이 눈에 들어왔다. 어디를 보든 금빛의 향연이어서, 눈이 부실 정도였다. 발코니 좌석에는 빼꼼 고개를 내밀고 있는 사람들이 보였다. 붉은 벨벳을 배경으로 앉아 있는 사람들이 유독 작아 보였다.

작품 자체야 훌륭함이 검증된 내용이니 제쳐두고, 생전 처음 보는 발레 공연에 나는 거의 홀려 있었다. 온몸의 무게를 발끝 하나에 실은 채, 발끝을 제외한 모든

빛나는 부다페스트의 밤. 국립 오페라극장 앞에는
검은 옷을 차려입은 사람들이 하나 둘 모여든다.
그들을 따라 홀을 지나 황금빛의 테라스가 있는
극장에 들어섰다. 화려함으로 치장한 극장에서 본
<카라마조프의 형제들> 발레 공연은 더 감동적이었다.

간직해 온 물건을 팔고,
어디서 온지 모를 것을 한 아름씩 안고 간다.
우리의 추억이 교환되는 곳. 그래서 이곳이 좋았다.
부다페스트 골동품점 앤틱 바자르에서.

신체는 중력의 힘을 받지 않는 것처럼 보였다. 인간의 몸이 어디까지 가벼울 수 있을지, 유연할 수 있을지 한계에 도달한 끝에 완성해 낸 듯한 움직임에 가슴에서 뭔가가 꿈틀대는 듯한 감동이 밀려 왔다. 저 아름다운 동작을 만들어내기 위해 이토록 가냘픈 예술가는 혹독한 훈련과 치열한 자기 싸움을 이겨내야 했을 것이다.

열정적이었던 1막의 무대가 끝나자마자, 나는 서둘러 두 가지 일을 했다. 공연의 감동을 잊지 않기 위해 프로그램 북을 구입하는 것과 달콤한 아이스크림을 먹는 것. 인터미션 시간, 뜬금없이 공연장 안으로 등장한 것은 아이스크림 판매원이었다. 관람객들은 너 나 할 것 없이 그곳으로 모였다. 그리고 작은 아이스크림을 손에 하나씩 쥐고 자리에 앉았다. 물조차 반입이 안 되는 다른 공연장과 비교하면 나름 파격적이다. 2막 시작의 안내와 함께 다시 붉은 커튼이 올라갈 때 그들을 향해 아낌없는 박수를 보냈다.

다음날 아침, 나는 부다페스트의 또 다른 유명한 카페인 '카페 뉴욕(cafe new york)'에서 아침을 해결하려던 참이었다. 하지만 지도에 나온 골목을 몇 번을 돌아도 카페의 '카'자도 보이지 않았다. 결국 포기하고 돌아설 때쯤, 낡은 철모와 배지를 단 마네킹을 마스코트로 내세운 골동품가게가 내 앞에 스윽 하고 나타났다. 이 앞길을 몇 번이나 지나쳤는데도 보지 못했던 곳이었다.

골동품 가게 안에는 없는 것이 없었는데, 몇 백 년 전의 물건들을 모두 간직하고 있는 보물창고 같았다. 입구에는 녹이 슨 색소폰이 보였다. 천장에는 진짜인지 가짜인지 모를 수십 장의 지폐가 펄럭였다. 낡은 주전자와 찻잔, 파란색의 꽃무늬 유리병, 먼지가 수북한 주전자, 터키식 커피를 타는 데 어울릴 것 같은 찻잔세트, 카메라, 라디오 시계……. 나열해도 끝이 없을 것 같은 이 모든 물건들은 금빛 조명 아래서 반짝이면서 원래보다 더 가치 있어 보였다. 나와 함께 이곳을 둘러보던 한 배낭여행자는 주둥이가 좁은 파란 꽃병을 하나 집어들었다. 하얀 꽃이 듬성듬성 박혀 있는 고급스러운 병이었다. 내가 처음부터 눈여겨본 물건이었다. 이동 중 깨지진 않을까 재고 있던 중에 먼저 찜해 버렸으니, 아까운 마음이 배로 든다. 장기 여행에서는 의도하지 않게 충동구매를 이기는 법을 익히게 된다. 짐이 늘어나니까, 예산이 부족하니까 등등 사지 말아야 될 이유 몇 가지를 기어코 만든 후 필요 없는 물건임을 자신에게 납득시킨다. 이런 마음가짐은 딱 여행하는 동안에만 유효하다는 게 문제지만.

진귀한 물건을 감정하듯 여러 물건을 들춰 보다 작은 소녀 조각상을 손에 쥐었다. 빨간 도트무늬의 머릿수건을 두른 채 다리를 옆으로 뻗고 항아리를 들여다보고 있는 작은 도자기 장식품이었다. 지극히 평범한 물건 인데도, 계속해서 눈이 가기에 한참을 고민한 끝에 손에 들었다.

한창 다른 물건들을 구경하고 있을 때, 골동품 가게 주인이 있는 테이블 앞으로 몇 명의 사람들이 줄을 서는 게 보였다. 평범해 보이는 젊은이부터 허리가 구부정한 노인네까지. 물건을 팔러 온 사람들이었다. 그들은 물건으로 가득한 보따리 또는 검은 봉지를 들고 있었다. 그리고 한 명씩 번갈아가며 물건을 테이블에 올려놓았다. 그들이 내려놓은 물건은 정말 다양했다. 조각상에서부터 도자기, 장난감, 액자, 시계까지. 돋보기까지 코에 걸친 주인은 물건을 꼼꼼히 살피고 계산기를 열심히 두드렸다. 새삼 내 손에 쥐고 있는 조각상은 어디서부터 왔을지 궁금해졌다. 테이블 위에 놓인 추억들은 어디로, 또 누군가에게로 흩어지게 될 것인가.

밤이 되면 축제다. 모든 건물은 불을 환히 밝히고 온 도시는 낮보다 환하게 빛난다.
부다페스트의 이 아름다운 빛을 보기 위해 사람들은 이곳을 찾는다.

부다페스트로 가는 방법

- 인천-부다페스트까지 직항은 아쉽게도 아직까지는 없다. 대신 1회 경유편으로 대한항공, 아시아나항공을 비롯해 여러 외항사에서 운항하고 있다. 13~17시간 소요.
- 오스트리아 빈으로 들어가서 부다페스트로 이동하는 것도 좋은 방법이다. 빈에서 부다페스트까지는 열차로 이동하면 된다. 빈 마이들링(Meidling) 역에서 부다페스트 켈레티(Keleti) 역까지 3시간 소요.

* 오스트리아 철도청에서 열차 시간 확인 및 예매 가능 www.oebb.at

부다페스트, 황금빛 코스 정보

❖ 알렉산드라 서점 카페(Alexandra Könyvesház)

1, 2층에는 서점이 3층에는 화려한 궁전 카페가 있는 근사한 서점 카페

- 주소 1061 Budapest Andrássy út 39
- 가는 법 Oktogon 역에서 Opera 역 방향으로 걷다 보면 왼쪽에 위치

❖ 부다페스트 공연

부다페스트에서는 양질의 공연이 자주 열린다. 특히 국립 오페라하우스에서 열리는 공연은 무척 훌륭한 수준. 가격은 공연에 따라 차이가 크다. 오페라의 경우 500~14,500포린트, 발레는 400~12,000포린트 수준인데 가장 좋은 자리가 한화로 9만 원 정도이니, 국내에서 보는 것보다 저렴한 편이다.

- 발레 로미오와 줄리엣(Romeo and Juliet), 백설 공주와 일곱 난장이(Snow White and the 7 Dwarfs), 오네긴(Onegin), 카라마조프가의 형제들(The Brothers Karamazov) 외 다수
- 오페라 사랑의 묘약(L'elisir d'amore), 돈 파스콸레(Don Pasquale), 세빌리아의 이발사(Il barbiere di Siviglia), 반크반(Bánk bán) 등

* 공연 예매 www.opera.hu

❖ 골동품점 앤틱 바자르(Antik Bazar)

작지만 다양한 골동품을 볼 수 있는 가게로, 골동품에 관심이 있는 사람에게 적극 추천한

다. '카페 뉴욕(cafe newyork)' 근처에 있으므로, 잠깐 들러 눈요기를 하는 것도 괜찮다.

- 주소 1071 Budapest, Klauzál utca 1
- 가는 법 메트로 Blaha Lujza tér 역에서 도보 5분 내외

굴라시 수프는 꼭 한번 먹어야 할 별미

헝가리의 전통 음식, 굴라시 수프(Gulyás, 구야시)는 진하고 매콤한 야채 스튜로 우리나라 사람 입맛에도 잘 맞는 것으로 알려진 유명한 음식이다. 헝가리어로 구야시는 '목동'이라는 의미로, 과거 헝가리 양치기가 간편하게 먹기 위해 만들었던 음식이라고 전해진다. 수프 안에는 쇠고기 · 양파 · 파프리카 · 감자 등이 들어가는데 우리나라 육개장과도 맛이 흡사하다. 나는 우연찮게도 이 굴라시 수프를 독일 · 체코 · 오스트리아 · 루마니아 등 여러 나라에서 맛보게 됐다. 사전 조사를 할 때 '한국인의 입맛에 딱인 얼큰한 수프'라는 설명 하나만 믿고, 유럽 음식에 물릴 때면 어느 도시 메뉴판에나 있던 이 요리를 주문했던 것이다. 결과는 매번 참담했다. 독일의 굴라시는 카레처럼 되직했으며, 체코의 굴라시는 얼큰함이 아닌 달달함이 입에 남았다. 그나마 루마니아에서 굴라시는 먹을 만했으나, 묽고 건더기가 거의 없었다.

반면 부다페스트에서 맛본 굴라시는 달랐다. 매콤하고 얼큰하고, 수저를 넣었을 때 푸짐하게 딸려 오는 야채와 고기는 입에서 살살 녹았다. 이 한 끼의 굴라시에 한 달간 먹은 유럽의 모든 느끼한 음식이 쑥 넘어가는 것 같았다. 역시 전통 음식은 본고장에서 먹어야 하는 것임을 새삼 깨달았다.

부다페스트의 야경 즐기기

부다페스트 여행에서의 하이라이트는 뭐니 뭐니 해도 야경이다. 부다페스트는 체코 프라하, 프랑스 파리와 함께 유럽의 3대 야경이라 꼽히는 곳으로, 도나우 강을 중심으로 펼쳐지는 화려한 조명쇼와 건축물은 사람들이 부다페스트 야경에 왜 그렇게 감탄하는지 알게 해 준다. 그중 개인적으로 가장 좋았던 부다페스트의 야경 포인트 몇 곳을 소개한다.

❖ 마가렛 다리(Margaret Bridge)

한적하게 야경을 볼 수 있는 숨은 명소다. 국회의사당, 세체니 다리 그리고 왕궁이 한

눈에 들어오며, 관광객으로 북적이는 다른 야경 명소에 비해 조용하게 풍경을 즐길 수 있는 곳이기도 하다. 다리 위에 걸터앉아 맥주 한 캔과 함께 보는 야경은 다른 세상에 온 것 같은 착각이 들 정도로 환상적이다.

- 가는 법 Moszkva ter 역에서 트램 4번 또는 6번을 타고 다리 초입에서 정차

❖ 겔레르트 언덕(Gellért hegy)

부다페스트의 야경 포인트로 유명한 곳. 해발 235m의 언덕으로 부다페스트 시내가 한눈에 시원하게 펼쳐진다. 해가 지기 직전에 올라가면 서서히 물들어가는 황금빛의 부다페스트를 실시간으로 볼 수 있다.

- 가는 법 Moricz Zsigmond 역에서 27번 버스를 타면 언덕 꼭대기에서 정차

❖ 바치 거리(Vaci Utca)부터 도나우 강변까지

우리나라 명동과 비슷한 부다페스트의 번화가. 밤에 화려한 바치 거리를 한 바퀴 돈 후, 도나우 강변 쪽으로 나오면 세체니 거리가 나오는데, 이곳을 산책하며 감상하는 밤 풍경이 굉장히 멋지다. 도나우 강변 너머로 화려한 왕궁과 엘리자베스 다리를 볼 수 있다.

- 가는 법 Vorosmarty ter 역으로 나오면 바치 거리 초입

불가리아 Bulgaria

소피아

돔의 향연, 알렉산드르 네프스키 사원이 포인트

"그러니까, 택시 넘버를 잘 봐야 한다고요! 9××로 시작하는 택시가 있나 잘 보세요!"

휴대폰 너머로 남자의 짜증 섞인 목소리가 들려 왔다. 게스트하우스 직원이었다. 그와 통화한 지 어느덧 20분째.

소피아 버스터미널에 막 도착했을 때였다. 예약했던 숙소의 픽업 차량이 보이지 않았다. 시간을 착각했나 싶어 게스트하우스에 전화를 걸었다. 직원은 예약 메일을 확인하지 못했다며 미안하다는 말을 건성으로 건넸다. "그럼 알아서 택시 타고 그쪽으로 갈게요"라는 말에 그는 다급하게 외쳤다.

"택시를 타려면 조심해야 해요! 내가 알려준 그대로 해요."

문제는 그 후였다. 바가지를 쓰지 않으려면 공식 인증된 택시 회사를 찾아 타야 한다는데, 도내체 그 공식 택시라는 게 눈에 띄지를 않는 것이었다. 점점 커지는 남자의 목소리를 들으며, 짐을 어깨에 바리바리 짊어지고 터미널을 몇 바퀴나 돌아야 했다. 엄청나게 불어날 통화료 걱정까지 하면서……. 겨우 택시 넘버를 찾은 후 터미널을 나섰을 때, 노란 셔츠를 말끔하게 차려입은 남자 몇 명이 우르르 몰려와 내 앞을 막아섰다.

"어디에서 오셨어요? 어디까지 갑니까?" 덩치에 어울리지 않게 나긋한 말투로 미소를 띠며 말하는 택시기사 1.

"많이 무겁죠? 이리 주세요." 억지로 내 캐리어를 낚아채며 본인의 택시로 유도하는 택시기사 2.

손을 휘저으며 사람들을 떨궈내는 나를 보면서 어이없다는 표정을 짓고선, "저 공식으로 등록된 드라이버예요"라며 목에 걸려 있는 손바닥만 한 자격증을 들이미는 택시기사 3.

이들은 마치 신선한 고깃덩어리를 향해 달려드는 하이에나 떼처럼 나를 물고 늘어졌다. 주특기인 모르쇠로 일관하며 꿋꿋하게 방어에 성공한 후, '정상적'이라 하는 공식 택시가 모여 있는 곳에 오니, 이쪽은 되레 시큰둥하다. 내가 가려는 곳은 돈도 안 될뿐더러 찾아가기도 까다로운 모양이었다. 아까 입장과는 반대로 이번에는 내 쪽에서 "플리즈~"를 연발하며 부탁에 부탁을 거듭한 끝에야 택시를 잡아 탈 수 있었다. 버스터미널에서부터 이렇게 진을 뺄 줄이야. 어쩐지 며칠 전부터 소피아에 오는 것이 영 내키지 않았던 터였다. 내가 거부감을 갖고 있는 만큼 이 도시도 나를 별로 환영하지 않는 것 같았다.

게스트하우스 직원은 내가 도착하자마자 택시비를 얼마 냈는지부터 물었다.

"5레바(약 4천 원) 냈어요."

"그 정도면 괜찮은 편이에요. 사실 3레바 정도가 적당하긴 하지만. 예전에 어떤 손님은 아무 택시나 탔다가 25유로를 낸 적도 있다니까요!"

물가가 저렴한 나라로 알려진(여행 경비는 서울의 절반 수준이라는 통계가 있다) 소피아에서 가장 횡포를 부리고 있는 것은 다름 아닌 택시였다. 직원이 왜 그렇게 끈질기게 택시에 대해 설명했는지 이해가 갔다. 하지만 20분간의 통화료를 생각하니 어째 이러나저러나 손해 본 것 같은 기분이다.

소피아는 전체적으로 시원시원하고 깔끔한, 정돈된 도시였다. 칼로 자른 듯 배치되어 있는 직사각형의 건물들과 도로는 차갑고 날카로운 공산 국가의 잔해를

바냐 바시 모스크, 성 니콜라이 교회. 소피아는 종교 건축 박물관이라 해도 과언이 아닐 만큼 역사적인 교회와 유적지가 한곳에 모여 있다.

보여주는 것 같았다. 반면, 아름다운 종교 건축물들이 그 부정적인 느낌을 상쇄시켜 주고 있었다. 역사적인 지배자들이 바뀌면서 소피아에는 불가리아의 정교, 이슬람교 등 다양한 종교의 사원들이 남아 있다. 70개의 이슬람사원 중 현재 유일하게 남은 붉은 사원 바냐 바시 모스크(Banya Bashi Mosque), 이슬람 전성시대에 지하에 숨겨 지을 수밖에 없었던 성 페트카 교회(St. Petka Church), 러시아 외교관의 명으로 건립된 오색 빛의 지붕의 성 니콜라이 교회(Nicholai Church) 등등…….

하지만 이곳의 알짜배기는 뭐니 뭐니 해도 알렉산더 네프

화려한 지붕이 인상적인 성 니콜라이 교회

알렉산더 네프스키 사원을 봤을 때,
마음이 벅차올랐다. 러시아-터키 전쟁에서
전사한 20만 명의 러시아인 병사를 위령하기
위해 지어진 이 사원은 경건하고도 아름다웠다.

스키(Alexander Nevski) 사원이었다. 이 휘황찬란한 건물 앞에 섰을 때의 기분을 뭐라고 설명해야 할까. 구름처럼 펼쳐져 있는 12개의 청푸른 그리고 금빛 돔과 아치의 향연. 건물 사이를 가로지르는 곡선의 아름다움. 어떻게 보면 해저 궁전 같기도 했는데, 그런 느낌이 든 건 돔의 청푸른 빛깔 때문이었을 것이다. 무려 건축하는 데 30년이 걸린 이 사원은 러시아-터키 전쟁에서 전사한 20만 명의 러시아인 병사를 위령하기 위해 지어졌다고 했다. 이 전쟁을 계기로 불가리아가 해방될 수 있었으니, 이를 도운 러시아에 대한 감사의 마음도 함께 깃들어 있을 것이다. 아름다운 외관만큼이나 건립된 이유도 경건했다. 발칸반도에서 가장 아름다운 사원으로 불리는 것도 이런 이유에서이리라.

사원은 5천 명이 한꺼번에 들어갈 수 있을 만큼 큰 규모를 자랑한다. 내부로 들어서니, 가장 먼저 눈에 띄는 것은 움푹 들어간 돔에서부터 푹 떨어지는 거대하고 화려한 샹들리에. 거기서 나오는 빛이 사원 내부를 은은하게 밝혔다. 사원 벽은 러시아와 불가리아의 저명한 화가들이 그렸다던 성화로 가득 차 있었다. 경건하게 기도를 올리는 신자들, 조용히 그들의 뒤에서 초에 불을 붙이는 수도사. 신을 믿지 않는 나조차도 기도하고 위로받고 깨끗해질 것 같은 곳. 여행 중 이런 곳을 만나기는 쉽지 않다.

사원을 나올 때 입구에서 한 거렁뱅이를 만났다. 그는 관광객들을 상대로 구걸을 하고 있었다. 사원이나 성당 앞에서 이런 모습은 생전 처음 봤다. 그는 내게도 다가와 손을 내밀었다. 측은지심은커녕, 그가 무서웠다. 눈빛이 사나웠고, 행동도 거칠었다. 그리고 그 사람을 피해 한달음에 사원 밖으로 뛰쳐나왔다. 혹시 쫓아오진 않을까 뒤를 돌아보니 그는 그 자리에서 또 다른 관광객들에게 손을 내밀고 있었다. 불가리아의 빈곤층 비율은 전체 인구의 약 22%. 세계에서 가장 가난한 사람이 많은 나라이기도 하다. 거렁뱅이까지는 아니더라도 허름한 옷차림으로 거리에 앉아 있거나, 떠돌아다니는 사람들을 종종 봤다.

'공산주의에 대한 향수'에 관한 기사를 본 적이 있다. 동유럽 나라의 시민들이 공산주의 시절을 그리워하고 있다는 것이 요지였다. 한 루마니아인은 이렇게 말했다.

"예전이 훨씬 더 살기 좋았어요. 그때는 의식주도 풍부하고, 놀러 갈 여유도 있었는데. 지금은 일자리도 구하기 어렵고, 이 수입으로 살아가기가 힘들어요."

자본주의를 받아들인 지 20년이 지난 지금, 과도기일지도 모르는 시대를 겨우 버티고 서 있는 사람들이 있었다. 그저 '평범하게 사는 것'이 절박한 사람들이다. 더 나아질 거라 믿었던 세상에 박탈감과 허탈함을 느끼며, 앞으로 나아갈 원동력마저 잃어버리고 있는지도 모른다.

저녁에는 소피아의 핵심만 둘러볼 수 있다는 프리투어에 참여하기로 했다. 러시아, 프랑스, 타이완 등 다양한 국적을 가진 열댓 명의 사람이 모여 있었다. 선한 인상의 가이드는 사람들이 도착하는 대로 일일이 악수를 하며 인사를 나눴다. 국적과 이름을 묻고, 낮은 음성으로 말했다.

"오늘 즐거운 투어가 되셨으면 해요."

코스는 오후에 혼자 둘러봤던 곳과 거의 비슷했다. 하지만 밤에 보는 건축물들은 색달랐다. 밤의 소피아는 흑백영화 같았다. 조명이 도시 곳곳을 환히 밝히고 있음에도 그렇게 느껴졌다. 혼자 보는 것과 세계 각국의 사람들과 함께 다니는 것이 또 달랐다. 우르르 몰려다니며 관광객 티를 내는 것도 즐거웠다. 한 러시아인은 관광지에 들를 때마다 손을 들고 꼭 한 가지씩 질문을 던졌다. 처음에는 튀는 그의 행동과 나름 성실하면서 엉뚱하기도 한 질문에 분위기는 좋았다(어디든 분위기 메이커가 있지 않은가). 하지만 그는 열대여섯 개 되는 관광지에 들를 때마다 매번 질문을 했다. 그것도 장황하게. 그에게 질문하는 것은 세계 평화를 지켜야 하는 의무감만큼 중대해 보였다. 나중에는 쓸데없는 질문을 만들어서까지 했다. 예를 들면, 지하 예배당에 들어갔을 때, "이 교회에 대해서 나는 무척 잘 알아요. 하지만 왜 바닥이 이렇게 패여 있는지 모르겠다니까요" 하는 말도 안 되는 질문을 장황하게 늘어놓기 시작했다. 게다가 사과를 우적우적 씹으며 질문하는 모습이란. 껌을 질겅질겅 씹으며 짝다리를 짚은 사람이 껄렁하게 말하는 모습과 일치한달까. 이 사람은 투어 시간이 30분 이상 지체됐음에도 굴하지 않고, 마지막까지 질문을 던졌고, 사람들은 소리 없는 원성을 보냈다. 어찌됐건 그의 학구열에만큼은 박수를!

숙소로 돌아갈 때쯤에는 10시가 넘어가고 있었다. 사람들과 함께 있다가 혼자 남겨지니 덜컥 겁이 났다. 인적은 드물고, 화려했던 건물들도 어둠 속으로 사라졌다. 멀리서 유일하게 번쩍번쩍한 빛이 보였다. 알렉산더 네프스키 사원의 돔이었다. 그 빛을 보며 발걸음을 빨리 했다. 그마저 없었다면 오싹한 소피아의 밤이 되었을지도 모른다는 생각을 하며…….

소피아 가는 방법

- 한국에서 직항은 없지만 많은 항공사에서 경유편으로 소피아까지 운항하고 있다. 그중 이스탄불을 경유하는 터키항공을 이용하는 편이 경로나 시간 절약 차원에서 가장 좋다. 소요시간 15시간 내외.
- 주변국들과 교통 연결도 잘되어 있는 편이다. 터키 이스탄불, 헝가리 부다페스트, 루마니아 부쿠레슈티에서 열차로 이동할 수 있다.
- 불가리아 내에서 이동하는 경우, 벨리코 투르노보에서 버스로 3~4시간 소요. 플로브디프에서 2~3시간 소요.

* 소피아 버스터미널은 택시 호객 행위가 굉장히 심한 곳이다. 짐을 들어주며 타라고 권하는 택시는 심하게는 몇 십 배 이상 바가지를 씌우므로 무조건 거절하는 것이 좋다. 달리는 택시를 잡아서 타거나, 인증된 회사인 OK택시(973 2121) 또는 숙소의 픽업 서비스를 이용하는 것이 안전하다.

소피아 둘러보기

❖ 혼자 천천히 둘러보기

소피아의 주요 관광 포인트는 한 곳에 모여 있어 도보로 반나절 내에 돌아볼 수 있다. 제일 먼저 메인스트리트인 비토샤 거리(Vitosha)로 간다. 비토샤 거리는 쉐라톤 호텔 인근부터 국립문화궁전까지 1km가량 이어지는 차 없는 거리로, 카페 · 레스토랑 · 상점들이 모여 있는 번화가다. 길가를 따라 서 있는 노천카페에는 많은 사람들이 자리를 잡고 앉아 여유를 즐기는 모습을 볼 수 있다. 비토샤 거리에서 오른쪽에 있는 넓은 거리(짜르 오스보보디테르)는 비교적 차분한 분위기인데, 이 길을 따라 국립미술관, 성 니콜라이 교회, 알렉산더 네프스키 사원 등 주요 건축물이 모여 있다.

❖ 프리투어 참여하기

숙소에 도착했을 때, 직원이 제일 먼저 건넨 것은 프리투어에 팸플릿이었다. 비영리단체에서 운영하는 이 투어는 소피아의 주요 관광지를 도는 무료 가이드 프로그램이다. 짧은 시간에 소피아를 돌아보려면 이것만큼 좋은 방법이 없다. 하루에 2번(11시, 18시) 운영하며, 네델리아 교회에서 네프스키 사원까지 약 2시간 동안 영어로 진행된다.

* 프리투어 www.freesofiatour.com

불가리아의 요구르트와 장미

불가리아 하면 가장 먼저 떠오르는 것은 요구르트가 아닐까. 장수 나라의 비결 중 하나로 꼽히는 것이 요구르트이니 더할 것도 없다. 실제로 불가리아 레스토랑에 가면 요리에 소스로 요구르트가 곁들여 나오는 것이 많다. 요구르트를 묽게 탄 음료, 아이란(Ayran)은 어디서든지 볼 수 있고, 유명한 요구르트 음식으로는 타라토르 수프(tarator, 요구르트 원액에 오이 · 견과류 등을 넣고 차갑게 먹는 수프)가 있다.

장미도 불가리아 하면 빠질 수 없는 것 중 하나다. 특히 질 좋은 장미유를 생산하는 곳으로 유명한데, 소피아에서는 품질 관리를 위해 국립 연구소(Bulgarska Rosa)까지 설립했을 정도다. 장미 제품은 가격도 저렴한 편이라 핸드크림, 향수, 장미 오일 등을 선물로 사오기에도 좋다.

매년 5월 말~6월 초에는 카잔루크(Kanzanlak)라는 지역(소피아에서 약 3시간 소요)에서 장미축제(Rose Festival)가 열리는데, 장미여왕 선발, 장미 꽃 따기 행사, 전통공연 등을 보기 위해 많은 관광객들이 몰린다.

넷,

숨기 좋은 도시에서 잠수 타기

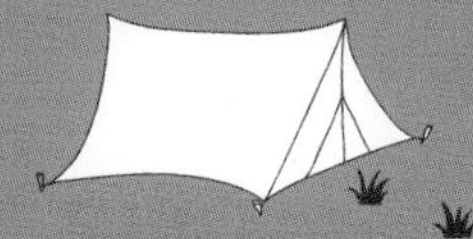

슬로베니아 Slovenia
류블랴나

베로니카가 사랑한 도시, 걷다 보면 알게 될 것!

"슬로베니아가 어디에 있는지도 모르는 그들에게 류블랴나는 신화나 다름없겠네."

파울로 코엘료의 소설 『베로니카 죽기로 결심하다』에서 24세의 베로니카는 수면제 네 통을 먹고 자살을 기도한다. 그리고 담담히 죽음을 기다리는 순간 '슬로베니아는 어디에 있는가?'라는 말로 시작하는 한 잡지의 기고 글을 보게 된다. 그녀는 자신의 조국인 슬로베니아를 알리고 죽어야겠다는 생각으로 편지를 쓴다. 그리고 상상한다. 내 시신을 발견하는 사람들은 슬로베니아가 어디 있는지도 모르는 한 잡지 때문에 목숨을 끊은 것이라고 생각하리라.

아직도 생소한 나라인 '슬로베니아'가 우리나라에 조금이나마 알려지게 된 것은 파울로 코엘료의 공이 크다. 그전까지 슬로베니아는 베로니카의 말마따나 아틀란티스의 '레미뤼'(상상 속 대륙) 같은 존재였을지도 모른다. 내게도 그랬다. 심지어 슬로베니아와 슬로바키아를 구별하기 어려울 정도였다. 이번에 이곳을 찾은 것도 오스트리아에서 크로아티아로 가기 위한 경로로 삼기 위해서였다.

슬로베니아의 미약한 존재감은 나라의 크기와도 어느 정

류블랴나 거리 곳곳의 벽에는 수많은 그라피티가, 공중에는 운동화 몇 십 개가 걸려 있었다.
도시의 젊음과 자유로움은 그 속에서 배어 나오고 있었다.

도 관련이 있을 것이다. 실제로 슬로베니아의 크기는 한국의 1/5 정도. 크로아티아·오스트리아·이탈리아에 둘러싸여 있어 상대적으로 더 왜소하게 느껴지기도 한다. 게다가 인구수는 200만 명으로 우리나라의 1/25 수준이다.

류블랴나 구시가지는 천천히 걸어도 반나절도 안 돼 둘러볼 수 있을 정도로 작은 마을이었다. 담장에는 화려한 색색의 그라피티가 가득 들어차 있었고, 공중에는 자유를 상징하는 듯한 운동화가 수십 개씩 걸려 있었다. 유독 눈에 많이 띄는 젊은이들의 존재는 이곳에 생기를 불어넣는다. 아마 세계에서 가장 규모가 큰 류블랴나대학교가 이곳에 있는 것도 도시의 활력에 어느 정도 영향을 미쳤을 것이다.

'젊음의 도시'인 류블랴나와 어울리게도 이 도시의 상징은 '용'이다. 관광지로 들어가기 위해서는 '용의 다리(Zmajski Most)'를 건너야 했다. 다리 양 끝 네 개의 모서

리에 붙어 있는 용의 조각상이 눈에 들어온다. 류블랴나의 상징이 용이 된 것은 그리스 신화에 나오는 영웅 이아손(Iason)의 이야기와 연관이 있다.

이아손은 왕위를 되찾기 위해 아르고 호(號) 승무원들과 흑해의 콜키스의 왕으로부터 황금 양털을 훔친다. 그들은 추적자에게 쫓겨 그리스 본국으로 가던 중 다뉴브 강을 거쳐 류블랴니차 강으로 들어오게 된다. 그곳에서 늪에 사는 용을 맞닥뜨리게 되는데 이아손은 격투 끝에 그 용을 물리친다. 그 후 이아손은 류블랴나 도시를 만든 최초의 사람으로 알려지게 된다.

용의 도시 류블랴나. 영웅 이아손이 물리친 용은 아이러니하게도 지금 류블랴나의 상징이 되어 다리에 굳건히 세워져 있다.

도시의 상징이라고 하기에는 다리 위의 용들이 작고 왜소한 편이었지만, 용맹함과 힘을 상징하는 용이 수호한다고 생각하니 도시가 더 강인하게 느껴졌다.

토모스토베(Tromostovje) 다리를 건너 도시의 중심지인 프레셰르노브 광장(Presernov trg)으로 들어서니 제법 사람들로 북적거린다. 이 원형의 광장을 중심으로 길이 방사형으로 퍼져 있고, 그 길을 따라 레스토랑과 상점이 즐비해 있었다. 광장 한쪽에는 예술가가 바닥에 분필로 아름다운 천사의 모습을 그리고 있었는데, 흰색, 노란색, 파란색 몇 가지의 색만으로도 무척 손쉽게 '쉽지 않은' 작품을 만들어 낸다. 때로는 거리의 예술가들의 작품이 미술관에 걸려 있는 작품보다 더 감동을 줄 때가 있다. 다른 쪽에서는 말과 표범이 그려진 현수막과 피켓을 들고 서커스 반대 시위를 하고 있는 무리가 보였고, 이 모습이 예술가와 묘하게 대비를 이뤘다.

그들이 시위하고 있는 곳은 프란체 프레셰렌(France Preseren) 동상이 있는 곳이었다. 슬로베니아인들의 존경을 한몸에 받고 있는 이 사람은 슬로베니아 국가(國歌)를 작사한 민족 시인으로, 슬로베니아의 독립운동에도 참여한 애국심 강한 인물이었다고 한다. 하지만 이 동상에서만큼은 아름다운 러브스토리가 더 먼저 와 닿게 된다. 프란체 프레셰렌은 유리아라는 부유한 집안의 딸과 사랑에 빠졌지만 신분의 차이로 이루어지지 못했다. 깊게 사랑에 빠진 그는 그녀를 위한 시만 수십 편을 남겼다고 한다. 한 가지 재미있는 것은 실제로 이 동상이 쳐다보고 있는 곳을 따라가면 노란 집의 창문에 고개를 내밀고 있는 유리아의 조각상을 볼 수 있다는 것이다. 이야기로만 들었으면 그저 그런 사랑 이야기라며 지나쳤을 것을, 유리아의 모습을 보니 그들의 이야기가 이곳에서 재연되는 듯 마음에 와 닿는다.

1 프레셰르노브 광장에 있는 프란체 프레셰렌 동상

2 토모스토베. 다리 3개가 지그재그 모양으로 나란히 연결되어 있어 '트리플 다리'로도 불린다.

류블랴나에서의 감동은 어둑한 밤에 찾아온다. 하루는 우연히 만난 터키, 프랑스인과 류블랴니차 강가에 있는 카페에서 차를 마시고 있었다. 해가 질 무렵이었다. 카페에는 한 악단이 테이블 사이를 돌아다니며 연주하고 있었다. 터키인은 그들이 오기를 기다리며 약간의 연주비를 준비했지만, 야속하게도 그 악단은 우리 테이블을 그냥 지나쳐 다른 카페로 가고 말았다. 그는 아쉬움을 달래고자 함인지 그들이 연주했던 음악을 계속 흥얼거렸다. 어떻게 이 노래를 아냐는 질문에, 그는 말했다.

"헝가리에 오래 살기도 했고, 이쪽 슬로베니아·크로아티아·헝가리 쪽은 노래든 뭐든 다 거기서 거기거든."

노래는 흥겨우면서도 구슬프기도 했다. 성당의 종소리와, 저쪽 카페에서 울리는 악단의 연주와 묘하게 어우러졌다. 날이 완전히 저물었을 때는 홀로 류블랴나 거리를 거닐었다. 더 강렬해진 조명 사이에서 화려함의 축제를 마음껏 즐긴다. 터키인이 흥얼거렸던 노래를 떠올리면서 강 주변으로 즐비해 있는 노천 레스토랑 샛길을 끊임없이 걷는 것이다. 화려함과 조용함이 공존하는 작은 도시. 류블랴나만이 갖고 있는 소박한 아름다움은 밤에 극에 달했다. 베로니카의 조국을 알아달라는 시위가 아니더라도, 이곳에 한 번이라도 들른 사람이라면 빠지지 않고는 못 배길 사랑스러운 도시임이 분명했다.

류블랴나로 가는 방법

인천–류블랴나까지 직항은 없지만, 이스탄불을 경유하는 터키항공, 파리를 경유하는 에어프랑스로 갈 수 있다. 터키항공이 조금 더 빠른 편이며, 경유지에서 대기시간이 짧을 경우 14시간 정도 소요된다.

슬로베니아는 크로아티아 바로 위에 위치해서 두 나라를 함께 여행하는 경우도 많다. 크로아티아 수도인 자그레브에서 열차를 타면 류블랴나까지 2시간 정도 소요된다.

류블랴나의 숙소

류블랴나는 역과 관광지 주변의 호스텔이 잘되어 있는 편이다. 특히 옛 감옥을 개조해서 만든 호스텔, 셀리카(Celica)가 인기다. 감옥 구조를 그대로 유지하고 있는 이 호스텔은 감옥살이를 하는 듯한 특이한 체험을 할 수 있어 예약이 끊이질 않는다. 좀 더 편안한 숙소를 찾는다면 역에서 가까운 호스텔파크(Hostel Park)도 괜찮은 선택이다. 호스텔이지만 비즈니스호텔 못지않은 시설을 갖추고 있다.

❖ Celica
- 주소 Metelkova ulica 8 1000 Ljubljana
- 가는 법 Ljubljana 기차역 맞은편 도보 5분
- 요금 도미토리 20~17유로
- 홈페이지 www.hostelcelica.com

❖ Hostel park
- 주소 Tabor 9 1000 Ljubljana
- 가는 법 Ljubljana 기차역에서 도보 10분
- 요금 더블룸 35~40유로
- 홈페이지 www.hotelpark.si

류블랴나의 피자, 그리고 류블랴니차 강에서의 여유로운 시간

류블랴나대학교 근처를 지날 때였다. 지나가는 사람들 손에는 하나같이 뭔가가 들려 있었는데 피자였다. 그것도 크기가 반판만 한. 어찌나 먹음직스러워 보이던지! 사람들

이 피자를 하나같이 들고 나오는 가게를 찾았다. 분위기는 영락없는 카페 같은데, 가판에는 먹음직스러운 피자가 종류별로 진열되어 있다. 해물피자를 주문했더니, 푸짐한 해물을 듬뿍 올린 거대한 피자를 건네준다.

특별히 슬로베니아의 대표 먹거리는 없다. 하지만 꼭 해 봐야 할 것 중 하나는 류블랴나차 강 주변을 따라 늘어선 레스토랑에 들르는 것이다. 꼭 식사를 안 해도 좋다. 해 질 무렵 이곳에서 맥주나 차 한잔을 마시며 풍경에 집중해 보자. 교회에서 수시로 울리는 종소리, 바로 앞 류블랴나차 강 위로 지나가는 아담한 유람선, 그리고 악단의 연주까지. 평온한 도시의 매력을 느낄 수 있을 것이다.

❖ lubljanski dvor 피자전문점

- 주소 Dvorni trg 1, 1000 Ljubljana
- 가는 법 류블랴나대학교 가기 전 공원 Sidro 건너편
- 가격 4유로

류블랴나 성에서는 특별한 일이 생긴다

나는 지금 류블랴나의 성 꼭대기에 올라와 있다. 뾰족하게 솟은 탑 위는 열댓 명의 사람이 겨우 들어설 정도의 공간이고, 탑을 둘러싼 벽은 가슴 아래로 내려오는 정도라 스릴 있다.

유럽의 여러 도시들을 다녀보니 크기, 인구수, 인지도에 상관없이 도시 구조와 구성에는 어떠한 공식이 있다고 느껴졌다. 예를 들어, 한결같이 존재하는 것들이 있다. 거미줄처럼 이어진 좁다란 골목, 붉은 지붕, 도시 한가운데 뾰족하게 솟아 있는 성당, 대지를 관통하는 긴 강줄기와 세월의 흔적이 남아 있는 다리, 높은 언덕 위에 세워진 요새나 성.

그래서 '유럽 도시는 거기서 거기'라는 이야기가 나올 법도 하지만, 그게 도시마다 미묘하게 다르다. 그리고 그것은 도시가 갖고 있는 특유의 분위기에 따라 결정되는 것 같았다. 빈이 화려하게 치장한 세련된 귀부인 같다면, 두브로브니크는 깊고 푸른 눈을 가진 고혹적인 여인 같았다. 부다페스트는 강인하면서도 음울한 분위기가 느껴지는 반면, 류블랴나는 차분하고 지적인 매력이 가득하다. 그러나 그 특성을 감지하는 것은 여행자의 성향에 따라 또 다르다.

"평화롭고 조용하기는 한데 재미는 없네요. 전 크고 더 활력 있는 도시가 좋아요. 파리나 런던 같은."

호스텔 식당에서 잠깐 마주쳤던 한 스페인 여행자는 이렇게 말했다. 그는 호스텔에 머무는 여행객들과 끊임없이 대화를 하며, 짧은 아침시간에도 레스토랑을 분주하게 돌아다녔다. 에너지가 넘치는 그에게 류블랴나는 지나치게 차분하고 정적인 도시였던 것이다. 오히려 나는 그 점이 마음에 쏙 들었지만.

탑 위에서는 류블랴나의 시가지가 한눈에 들어왔다. 프레셰르노브 광장을 중심으로 사방에 여러 갈래 길이 시원하게 뻗어 있었고, 류블랴니차 강의 가는 줄기

잔잔하게 흐르는 류블랴니차 강은 작은 류블랴나 시내를 가르며 흘러들어 간다. 이토록 평화로운 도시가 있을까.

를 따라 붉은 지붕의 가옥이 끝없이 이어지고 있었다. 화려하지는 않지만, 어떤 도시보다 평화롭고 따뜻해 보이는 풍경에 마음이 잔잔하게 울렸다. 한 도시의 고유 정취를 느끼기 위해서는 오랫동안 그곳에 머물며 음미해 보는 것이 좋지만, 성 위에서 도시를 내려다보는 것도 좋은 방법이다. 때마침 울긋불긋한 색의 긴 줄이 골목길을 따라 움직이는 것이 보였다. 마을에서는 슬로베니아 전통 축제가 한창이었다. 오전에 축제를 잠깐 구경했다. 북과 트럼펫을 든 악사들의 연주가 마을에 울려 퍼졌고, 말을 탄 갑옷 기사들, 붉고 푸른 비단옷을 두른 중세의 아름다운 여인들이 그 뒤를 따랐다. 기수대는 작은 깃발을 하늘로 던져 교대로 받는 묘기를 선보였고, 구경하는 관광객들은 환호와 박수를 보냈다. 정적인 류블랴나도 축제 속에서만큼은 요란하고 열정적이다. 아마, 그 스페인 여행자도 오늘만큼은 정열이 더해진 거리를 걸으며 흡족해하지 않을까. 불개미 행렬 같은 그들의 모습을 한참 동안 눈으로 좇았다.

아무 생각 없이 골목길에 들어섰다가 운 좋게 축제에 참여하는 무리를 봤다. 화려한 전통의상을 입은 여인들은 우아했고, 글자를 쓰는 장인의 손길은 신중했다.

탑 아래 있는 성의 광장으로 내려왔을 때, 두세 명의 아이들이 뛰놀고 있는 것이 보였다. 웅장한 다른 성들에 비해 류블랴나 성은 무척 아담한 편이었다. 탑 외에는 볼거리도 마땅치 않았고, 관광지보다는 시민 휴식처 정도가 더 어울리는 곳이었다. 홀에서 전시하는 정체 모를 그림들을 둘러본 후, 우연히 발견한 성의 지하 예배당에 들어섰을 때였다. 회색 머리의 한 남자가 예배당 구석에 앉아 뭔가를 열심히 끼적이고 있었다. 가까이서 보니 유럽 중세시대에나 썼을 법한 독특한 문자였다. 펜도 요상하다. 촉은 얇고 납작하며 끝은 깃털로 장식되어 있는데, 날렵하게 선을 몇 번 그으니 마법처럼 글자가 완성된다. 그러고 보니, 마을 축제에서도 한 중세시대 복장을 한 여인이 이런 글자를 써서 사람들에게 파는 것을 봤다. 그 앞에서 한 남자가 감격스러운 목소리로 말했다.

"정말 대단하네요. 이런 문자를 쓸 줄 알다니 존경스러워요. 정말로 귀한 능력을 가지셨어요."

그 말에 그녀는 쑥스러운 듯이 웃고선, 다시 붓을 슥슥 그으며 마법처럼 글자를 만들어 갔다.

"어디에서 왔어요? 내 딸이 궁금하다고 해서요."

예배당 구석에 전시되어 있는 글자를 구경하고 있을 때, 회색 머리 남자가 물었다. 남자 뒤에서 여자 아이가 고개를 빼꼼 내밀었다. 8~9살 정도 되었을까. 까무잡잡한 피부에 반짝반짝 빛나는 갈색 눈동자. 한눈에 봐도 영특해 보이는 소녀다. 눈이 마주칠 때마다 슬쩍 웃는 얼굴은 장난기 가득해 보인다. 내가 "한국"이라고

류블랴나 성에서 '글자를 파는 부녀'를 만났다.
그들은 즐기면서 이 작업을 하는 듯했다.
장사보다도 둘이 '함께' 있는 시간이 중요해 보였다.

대답하자 그는 두꺼운 종이 뭉치를 꺼내며 말했다.

"얘가 아시아 글자를 모으고 있거든요. 여기에 한국어로 이름을 적어줄 수 있나요?"

종이에는 아시아 각국의 언어가 짤막하게 적혀 있었다. 이곳을 지나친 사람들의 흔적들이겠지. 대충 훑어보니 가장 많이 보이는 건 중국어, 일본어. 한국어는 보이지 않는다. 나름 최초의 한국어 기록이니, 성심성의껏 반듯하게 이름을 적었다. 영어 발음 기호까지 덧붙여서. 남자와 딸은 동시에 내 이름을 읽는다.

"줘어인-?"

어색한 발음으로 듣는 내 이름이 재밌기도 하면서 낯설게 느껴진다.

아이의 이름은 '나라'라고 했다. 본명은 아니다. 이곳을 찾은 한 중국인이 아이에게 어울리는 이름을 따로 지어줬다고 하니, 이미 이곳을 지나간 많은 사람들의 귀여움을 독차지했음이 분명했다. 나라는 내 이름이 포함된 '세계 이름 목록'을 보관함에 소중히 집어넣고선, 고사리 같은 손으로 아버지의 펜을 잡고 내 이름을 쓰기 시작했다. 글자 쓰는 법을 어깨너머로 익힌 모양이었다. 몇 번의 실패를 거듭한 끝에 제법 모양이 나는 것으로 골라 건네준다(실패한 작품도 꽤 그럴듯해 보였다).

"No, no."

딸아이의 모습을 사랑스럽게 보고 있던 남자는 "이왕 줄 거면 제대로 써서 줘야 한다"며 제 실력을 발휘한다. 전문가답게 거침없는 솜씨로 한 번에 완성. 후속처리도 빼 놓을 수 없다. 그 몫은 당연히 나라 차지였다. 아이는 완성된 종이를 받아들고서는 조그만 입으로 후후 불며 한참 동안 잉크를 말렸다. 그리고 매끄러운 투명 필름지에 조심스럽게 싸서 공손하게 두 손을 들어 내게 전달했다.

선물을 받게 된 것도 기뻤지만, 부녀의 알콩달콩한 작업 과정을 지켜보는 것이 더 즐거웠다. 어린 나이에 아버지를 따라다니기 지루할 법한데도 내내 싱글벙글 하며 작업을 돕는 아이가 대견하기도 했다. 반면 내 감동과는 별개로, 본의 아니게 민폐를 끼치고 말았다. 나라의 아버지는 내게 공짜로 글자를 주는 바람에 연달아 오는 관광객들에게도 "공짜로 주겠다"는 선언을 해야 했던 것이다.

생각해 보면 이날은 한마디로 '운수 좋은 날'이었던 것 같다. 새삼 이런 생각이 들었던 것은 류블랴나 성 인포메이션 직원의 말 때문이었다. 성당에서 나와 성 벽 구석에 붙어 있던 재즈 공연 포스터를 발견했다. 안 그래도 이날은 하루 종일 성 안에서 빈둥댈 계획이었다. 티켓을 사기 위해 인포메이션에 갔을 때, 직원은 미소를 띠며 말했다.

"이 재즈 연주자들, 굉장히 실력 있는 팀이에요. 아마 보는 걸 후회하지 않으실 거예요. 오늘 정말 운 좋으신데요?"

재즈 공연은 생각보다 훨씬 좋았다. 3인으로 된 혼성 밴드였는데, 붉고 화려한 꽃무늬 옷에 삭발을 한 여성 피아노 연주자, 깡마른 몸과 부스스한 머리를 한 콘트라베이스 연주자, 단정하지만 엄격해 보이는 드럼 연주자가 무대에 올랐다. 묘한 아우라가 물씬 풍기는 이 팀은 연주 또한 독특했다. 한 시간 내내 음악을 들으며 생각했다. '아마도 저들은 일반인이 들을 수 없는 다른 차원에서 소리를 듣고 음악을 연주하는 게 아닐까?' 실제로 우주에서 나는 소리를 분석해 음표로 해석한 멜로디를 들어본 적이 있다. 그 결과는 아름답고 웅장한 클래식이었다. 클래식 음악뿐 아니라 모든 음악에는 우주가 들어 있다. 아마 우리는 음악을 들으며 다른 세계를 경험하는 카타르시스를 느끼는 것인지도 모른다.

공연이 끝나고 류블랴나 성을 내려갈 때는 사방이 어둠에 잠겨 있었다. 희미하

게 빛나는 가로등이 류블랴니차 강에 미끄러지듯 반사됐다. 새삼 하루를 돌아보니, 운은 내가 그것을 받아들일 준비가 되었을 때에야 들어오는 것 같다는 생각이 들었다. 나는 류블랴나에 호의적이었고, 류블랴나 탑 위에서, 성당에서 모든 것이 사랑스럽다고 느꼈다. 그리고 쏟아졌던 호의들. 일상에서도 이런 열린 마음을 갖

단정한 류블랴나도 밤에는 화려하게 변모한다.
아름다운 빛이 거리를 가득 채우고 사람들은
춤을 추거나 강 옆 노천카페에 앉아 두런두런 이야기를 나눈다.
멀리서 교회의 종소리가 울린다.
류블랴나의 평화로움은 밤에도 계속 된다.

는다면 얼마나 좋을까. 여행에서만 가질 수 있는 마음의 너그러움으로 넘기기엔 아쉬움이 짙어진다.

Travel Notes

축제와 예술의 도시, 류블랴나

- 류블랴나 성에서는 매달 다양한 공연과 전시가 열린다. '성'이란 특별한 장소에서 보는 공연은 몇 배나 더 예술적으로 다가온다. 무엇보다 저렴한 가격으로 가볍게 즐기기에 좋으므로, 시간 여유가 된다면 성 위에서 멋진 공연을 감상해 보자. 공연 스케줄은 류블랴나 성 홈페이지에서 확인할 수 있다.

* 류블랴나 성 www.ljubljanskigrad.si/events

- 여름이면 그야말로 류블랴나는 축제의 도시가 된다. 매해 7~9월 열리는 '여름 축제'로 각종 음악회와 퍼포먼스가 개최되기 때문이다. 류블랴니차 강을 따라 이어지는 수많은 전시와 음악, 그리고 전통 공연 등은 류블랴나의 아름다운 풍경과 어우러져 눈과 귀를 즐겁게 해준다.

* 류블랴나 페스티벌 www.ljubljanafestival.si/en

크로아티아Bulgaria

두브로브니크

지상의 유토피아, 이곳에서 찾았다

두브로브니크(Dubrovnik)로 향하는 길은 여러모로 곤혹스러움의 연속이었다. 금쪽같은 시간을 길에 버리고 싶지 않아 자다르에서 야간 버스를 탔다. 버스 기사는 한밤중 탑승객에게 조금의 배려심도 보이지 않았다. 버스는 돌덩이들이 잔뜩 깔려 있고, 움푹 팬 구덩이가 끝없이 이어지는 도로를 미친 듯이 질주했다. 게다가 뒷자리의 한 남자는 연신 기침을 했는데, 그때마다 생선 썩은 냄새가 내 자리를 덮쳤다. 어쩐지! 다른 좌석은 사람들로 꽉꽉 들어찼는데, 유독 이 자리만 덩그러니 남아 있었다. 그걸 보고 난 참 운도 좋다 생각하며 덥석 앉았는데. 대가 없는 행운은 없음을 새삼 실감한다.

얼마나 지났을까. 버스가 한 터미널에 정차했다. 나는 화장실에 가기 위해 버스에서 내렸는데, 버스에서 내린 사람은 한 할머니와 나 둘뿐이었다. 건물은 거의 무너지기 직전의 폐가 같았고, 그 외에 다른 것들은 칠흑 같은 어둠에 묻혀 분간되지 않았다. 나는 할머니 뒤를 바싹 쫓았다. 허리를 반쯤 굽히고 절뚝절뚝 걸어가는 할머니는 마치 이곳의 구조가 어떤지 아는 양 거침없이 발걸음을 뗐다. 그리고 건물 외벽 구석으로 들어섰을 때 걸음을 멈췄다. 마침 나는 화장실이 어디 있는지 물어보려고 할머니에게 다가가던 참이었다. 하지만 그녀는 누가 다가오든 말든 아랑곳 않고 벽을 뒤에 두고 치마를 내리고 있었다. 예기치 못한 상황에 당황해 본능적으로 뒤를 돌았다. 그리고 거의 우사인 볼트급으로 버스를 향해 뛰어들었다.

잠시 후, 한결 가벼운 발걸음으로 버스에 오르는 할머니와 나는 자연스레 눈이 마주쳤다. 할머니는 알 듯 말 듯한 미소를 짓더니 알 수 없는 언어로 나에게 뭔가를 물었다. 대강 "화장실 안 가도 괜찮겠어?" 정도의 뜻인 듯했다.

"물론 괜찮죠(그 화장실을 이야기하는 거라면요!)."

할머니는 그 말을 듣고 안심했다는 듯 고개를 끄덕이며 의자에 머리를 묻었다. 그 후 생리현상을 참으며, 다음 터미널을 기대했으나 버스는 몇 시간이 지나도 끝끝내 멈추지 않았다.

버스가 멈춘 때가 또 한 번 있었다. 도로 한복판에서였다. 제복을 차려입은 경찰들이 버스 안으로 올라섰다. 그리고 잠들어 있는 승객을 깨우기 시작했다. 크로아티아의 최남단 지역에 있는 두브로브니크에 가기 위해서는 '보스니아-헤르체고비나(Bosnia and Herzegovina)'라는 나라를 지나가야 한다. 도시에서 도시로 이동하는데, 다른 나라를 지나야 한다는 것이 쉽게 이해가 가지 않지만, 지형적인 특성과 전쟁의 역사가 이런 특이한 경우를 만들어냈다.

보스니아-헤르체고비나의 왼쪽 전면을 둥글게 감싸고 있는 크로아티아 지도를 자세히 들여다보면 남쪽의 20km 정도가 중간에 뭉텅 잘려나간 것을 볼 수 있다. 그리고 그 잘려나간 곳이 보스니아-헤르체고비나의 '네움(Neum)'이란 도시다. 과거 베네치아 공화국이 두브로브니크를 침략하려 했을 때, 오스만튀르크 제국이 이 분쟁을 막기 위해 네움에 적을 뒀으며, 그 후 보스니아-헤르체고비나의 도시로 굳어졌다. 이 때문에 두브로브니크는 본토에서 뚝 떨어진 도시가 되었으며, 보스니아-헤르체고비나는 유일한 해안 지역을 소유할 수 있게 됐다. 이에 여행자로서는 이곳을 지날 때 독특한 경험을 하게 된다. 네움을 통과하기 전 도로 중간에서 여권 검사를 받아야 하는 것이다. 그리고 지금이 그 순간이었다. 검사 과정은 경찰이 버스에 올라 여권을 가볍게 훑어보는 정도지만, 거기에는 알 수 없는 무거움과 긴장감이 흐른다.

우여곡절 끝에 두브로브니크에 도착한 시간은 새벽 6시. 짐을 끌고 올드타운의 입구인 필레게이트 안으로 들어섰다. 어스름한 새벽녘에 조명 빛을 받아 반짝반짝 빛나는 바닥과 그 옆을 메우고 있는 대리석 건물들, 텅 빈 올드타운의 길은 밤새 달려온 모든 피곤을 잊게 만드는 낭만이 있었다. 여기가 두브로브니크다! 오로지 대리석 바닥을 굴러가는 캐리어 바퀴 소리만이 대리석에 반사되어 울려 퍼졌다. 예약한 아파트 입구에서 주인에게 열쇠를 건네받았다.

"이제부터 여기가 너의 집이야."

두브로브니크에 내 아파트가 생겼다. 4일 동안이지만 이곳에서 살 생각에 가슴이 두근거렸다.

땅이 미친 듯이 흔들린다. 건물들은 힘없이 무너져 내린다. 울음 섞인 비명이 도시 곳곳에 울려 퍼지고, 대지의 떨림은 이 도시의 모든 것을 순식간에 삼켜버린다. 1667년, 두브로브니크를 강타한 대지진은 참혹했다. 인구의 1/5이 사망하고, 아름답기로 유명했던 건축물들 대부분이 파괴됐다. 가장 큰 재난이라고 해 봤자, 무릎까지 차오르는 빗물을 헤치고 20분가량 걸었던 것이 전부인 내게 이런 역사 속 이야기는 비현실적으로 느껴졌다. 어째서 평화롭고 아름다운 도시들의 끝은 이토록 비극적인 건지. 최고의 전성기를 맞이했던 이탈리아의 폼페이도, 번영에 번영을 거듭했던 터키의 히에라폴리스도 자연의 힘에 무릎 꿇고 모든 것을 잃었다. 어쩌면 인간의 자만심과 나태함이 극에 치닫는 때에 대자연이 경종을 울리는 것일지도 모른다. 두브로브니크 올드타운을 감싸고 있는 단단한 대리석 바닥과 건축물은 다시는 그런 아픔을 겪지 않기 위한 시민들의 염원이 담겨 있는 것 같았다.

1

다시 태어난 플라차 대로 새 길은 세계 각지에서 몰려온 관광객으로 북새통을 이루고 있었다. 새벽의 조용하고 평화로운 두브로브니크와는 180도 다른 모습이었다. 대리석의 차가운 기운은 뜨겁게 내리쬐는 햇빛과 사람들의 열기로 증발한 지 오래였다. 더위와 수많은 인파로 현기증이 날 정도였다. 북적이는 사람들 사이를 비집으며 대로를 걷는 중 재미있는 모습이 보인다. 해적 차림을 한 남자가 푸른, 붉은, 노란색의 앵무새를 한 관광객의 몸으로 옮기고 있었다. '그깟 새쯤이야!' 하는 자신감 넘치는 표정을 짓던 그 관광객은 새가 양쪽 팔과 머리에 한 마리씩 놓이자 온몸이 뻣뻣하게 굳어버렸다. 영리한

1 뜨겁게 태양이 내리쬐던 플라차 대로. 두브로브니크 올드타운의 가장 큰 거리인 이곳에는 항상 많은 관광객들로 북적인다.

2 두브로브니크 구시가지 입구에 있는 거대한 우물, 오노프리오스

앵무새는 그런 낌새를 금세 알아차렸다. 청색의 앵무새는 보란듯이 머리에 쓰고 있는 야구모자의 꼭지를 야무지게 뜯어버렸고, 붉은 앵무새는 뾰족한 부리로 팔찌를 잡아 뜯기 시작했다. 당황한 남자는 어쩔 줄 몰라 펄쩍펄쩍 뛰었고, 구경꾼들은 한바탕 웃음을 터뜨렸다. 그 웃음 덕에 온몸을 감쌌던 열기가 한결 가시는 기분이었다. 그래, 시간도 많겠다, 이 작은 도시를 샅샅이 뒤지며 다녀보기로 한다.

16개의 수도꼭지에 사람 얼굴, 동물 모양 등이 조각되어 있는 거대한 우물 오노프리오스(Onofrio's Great Fountain). 두브로브니크 구시가지 입구에 떡 하니 있어 어떤 것보다 눈에 띈다. 겉모습만 봤을 때도 흥미를 끄는 이 우물은 속사정까지 알고 나면 더 재밌다. 과거 척박한 땅이었던 두브로브니크는 식수 공급이 어려워 약 20km 떨어진 우물과 수로를 연결해 물을 끌어오는 방식을 택했다. 이런 기술 자체가 그 시대에서는 희귀한 것이었다고 한다. 게다가 신분이 엄격했던 그 시대라면 당연했을 강제 노동력 동원이 아닌, 정당하게 사람들에게 임금을 지급해 분수대를 지었다고 하니, 이것 또한 획기적이다. 분수 옆 프란체스코 수도원(Franciscan Monastery)에는 유럽에서 세 번째로 오래된 약국이 있다. 프란체스코 수도사들이 직접 허브나 약재를 이용해 약을 지어 운영해 왔던 것으로 지금까지도 약과 화장품을 판매하고 있다. 놀라운 것은 1307년부터 수도사들이 이곳에서 주민들을 위한 의료 서비스를 시작했다는 것이다. 이 작은 도시의 시설은 기본적으로 '주민들에게 헌신하기 위해' 만들어진 듯했다. 렉터 궁전(The Rector's Palace)의 이야기는 더욱 놀랍다. 당시 이곳 행정부 수장의 임기는 한 달이었는데, 임기 동안 의회의 허락 없이 이 궁전에서 나갈 수 없었다고 한다. 임기 기간이 한 달인 것은 독재를 막기 위한 것이었으며, 보수도 없이 오직 도시의 발전을 위해 봉사정신으로 직무를 수행했다. 능력은 물론이요, 희생정신, 책임감과 사명감을 갖고 있는 사람만이 수장직을 맡을 수 있었을 것이다. 무엇보다 진정으로 이 도시와 시민들을 사랑하고, 기꺼이 자신을 내놓을 수 있는 사람이어야 했다. 어떻게 보면 지금의 사회보다 훨씬 정직하고 높은 의식을 갖고 있었던 셈이다.

토머스 모어(Thomas More)의 『유토피아(Utopia)』에서 가상의 인물 히슬로디는 유토피아에 대해 이렇게 말한다.

"평등의 원칙이 지배한다. 여기에는 지배자도 없고 피지배자도 없다. 공직자는 대부분 선거로 선출되며, 임기는 1년이다. 공동의 창고에는 재화가 충분히 비축되어 있어 필요에 따라 사용한다. 모든 것이 공유이므로 부자와 빈자가 없다."

그야말로 과거 두브로브니크는 유토피아와 유사한 도시가 아니었을까. 완전한 대륙도 섬도 아닌 이 작은 도시는 이상을 실현할 수 있는 꿈의 도시에 너무나 적합해 보였다.

해가 질 무렵, 자다르에서 헤어졌던 J를 다시 만나기 위해 오노프리오스 우물 앞에 서 있을 때였다. 웨딩드레스를 입은 신부와 턱시도를 입은 신랑이 플라차 대로를 뛰어온다. 그리고 그 뒤로는 열댓 명의 무리들이 춤을 추며 뛰어왔다. 그들이 지나가자 레스토랑의 노천 테이블에 자리를 잡고 앉은 사람들은 요란하게 박수를 치고 술잔을 쨍 소리 나게 부딪친다. 어느새 앵무새 남자도 이쪽으로 자리를 옮겨 관광객들의 시선을 한몸에 받고 있었다. 어깨 위의 앵무새는 매일 같은 상황이 지루하다는 듯 파란색 날개를 펼쳐 날갯짓을 한다. 그리고 저 멀리서 밤의 축제를 알리는 트럼펫 연주 소리가 들려온다.

과거 희생자들에게 미안하게도, 나는 예전 유토피아 도시의 허망한 사라짐을 금세 잊었다. 매일 저녁 축제가 열릴 것 같은 이곳, 일상을 버리고 온 지금 나에게 이곳은 더할 나위 없는 천국이었다.

두브로브니크로 가는 방법

- 인근 도시에서 버스로 이동하면 된다. 보통 자다르 또는 스플리트에서 두브로브니크로 이동하는 루트가 일반적인데, 스플리트에서는 4~5시간 자다르에서는 7~8시간 정도 소요된다. 자다르에서는 이동시간이 오래 걸리기 때문에 야간 버스를 이용하면 시간을 절약할 수 있다. 자그레브에서는 항공편을 이용하는 것이 용이하다. 1시간 소요.
- 두브로브니크 버스터미널에 도착하면, 관광의 중심지인 구시가지로 가야 한다. 거리가 조금 떨어져 있으므로 버스(1A, 3, 6, 9번)나 택시를 탄다. 5~10분 정도 소요.

* 크로아티아 버스 예약 www.croatiabus.hr

두브로브니크의 아파트에서 살아보기

두브로브니크에서의 계획 중 하나는 최대한 오래 머무는 것, 그리고 아파트를 빌리는 것이었다. 이 아름다운 작은 마을에서 잠깐이라도 살아보고 싶었기 때문이다.
두브로브니크가 크로아티아의 인기 관광지인 만큼 현지 주민들이 빌려 주는 아파트도 많은 편이다. 보통 올드타운 안에 있는 숙소, 그리고 성벽 밖에 있는 숙소를 상황에 따라 빌리는데, 각각 장단점이 있다. 성벽 밖의 숙소는 올드타운에서 조금 떨어져 있다는 단점이 있지만, 가격이 상대적으로 저렴한 편인 데다가 아드리아 해와 두브로브니크의 올드타운을 한눈에 볼 수 있는 전망 좋은 숙소가 많다. 반면 성벽 안은 관광하기에 무척 편하며, 무엇보다 이곳에 사는 것 같은 기분을 느낄 수 있다. 내가 머문 곳은 성벽 안 플라차 대로 시계탑 바로 옆 골목의 아파트였다. 아침이면 가장 먼저 창을 열었다. 아래로는 골목으로 지나가는 관광객들이, 건너편 집에서 걸어놓은 빨래가 보였다. 한낮 햇살이 뜨거울 때는 숙소에서 잠시 쉬다가 다시 마을로 나가고는 했다. 저녁에는 타운 안 가게에서 소시지와 야채를 사와 요리를 했다. 두브로브니크에서 가장 좋았던 것을 꼽는다면, 이 아파트에서 머무는 것을 꼽을 정도니. 두브로브니크에서 최대한 오래, 그리고 자신만의 공간인 아파트를 빌려 생활해 볼 것을 권한다.

* 발칸반도 및 이탈리아 숙소 예매 www.adriatic-home.com

최고의 전망을 볼 수 있는 명소,
엑셀시어 호텔에서 여유 있는 시간을

두브로브니크에서 머물던 셋째 날, 올드타운 밖에 있는 반제비치를 지나니 유명한 엑셀시어 호텔(Excelsior hotel)이 눈에 들어온다. CNN이 선정한 세계 10대 프러포즈 장소로 꼽힐 만큼 유명한 야경 명소인 이곳은 신혼부부들이 찾는 숙소 1위. 하지만 반드시 이곳에 머물지 않더라도 테라스에서 멋진 아드리아 해 풍경을 볼 수 있으니. 나 역시 더위를 피하려고 호텔 레스토랑에 들렀다가 풍경에 반해 이곳에 오래 머물게 됐다. 달콤한 아이스커피(45쿠나)를 마시며 눈을 들어 보니 앞에는 짙푸른 빛의 아드리아 해와 두브로브니크 올드타운의 아름다운 풍경이 펼쳐진다. 이곳에서 할 일은 그저 풍경을 바라보고, 책을 읽고 글을 끼적이는 것뿐이었는데, 두브로브니크에서 가장 행복했던 순간 중 하나였다. 여유가 있다면 꼭 들러보길 추천하는 곳.

두브로브니크를 즐기는 세 가지 방법

환상의 섬, 두브로브니크 구시가지를 제대로 보기 위해서는?

하나, 스르지 산에 올라가 바다 위에 떠 있는 두브로브니크의 그림 같은 모습을 감상한다.

둘, 두브로브니크 구시가지를 둘러싸고 있는 성벽 길을 걸으며, 붉은 지붕의 향연을 만끽한다.

셋, 플라차 대로에서 열리는 공연을 놓치지 말자!

처음 두브로브니크에 빠지게 된 것은 사진 한 장 때문이었다. 푸른 바다 위에 둥둥 떠 있는 섬과(사실 두브로브니크는 육지에 가깝지만, 바다 쪽으로 불룩하게 튀어나온 도시 형태는 그 어떤 곳보다 '섬'처럼 보인다) 그 안을 가득 메우고 있는 붉은 지붕은 신비로움 그 자체였다. 사진 아래 '천천히 걸으면 걸을수록 빠져드는 낙원'이라는 문구는 신비로움을 더했다. 그리고 지금 나는 그 사진 속의 섬에 와 있다.

'바다 위 둥둥 떠 있는 마을'을 내 눈으로 직접 확인할 수 있는 이 기회를 놓칠 수는 없었다. 두브로브니크에 도착한 지 3일째 되는 날, 구시가지 바로 뒤에 있는 스르지(Srd) 산에 오르기로 했다. 두브로브니크 올드타운 바로 뒤쪽에 위치한 이 산 위에서는 바다에 떠 있는 듯한 마을의 형태를 한눈에 볼 수 있다고 했다.

스르지 산 정상까지 보통 케이블카를 이용하지만, 직접 걸어 올라가며 보는 풍경이 예술이라기에 트레킹을 하기로 한다. 나보다 먼저 이곳을 다녀왔던 J는 무조건 아침 일찍 올라가라고 권했다.

"올라가는 길도 험해서 좀 힘든 편이지만, 그것보다 가는 길에 그늘이 전혀 없는 게 문제야. 땡볕이 그대로 내리쬐는 대낮에 가려면 정말 힘들걸!"

정말 그랬다. 나는 J의 경고에도 늑장을 부리고야 말았는데(낙원 같은 두브로브니크에서는 도무지 부지런해질 수 없었다), 산을 오를 때쯤 해는 중천에 떠 있었다. 나무 한 그루 없는 메마르고 가파른 땅을 계속해서 걸었다. 게다가 바닥은 크고 작은 돌들이 난잡하게 쌓여 있어 발목을 삐끗하기 일쑤였다. '그냥 몸 편히 케이블카나 타고 올라올걸 왜 사서 고생을 하는지…….' 뒤늦은 후회를 하며 무거운 발걸음을 옮기고 있을 때, 나를 제치고 쌩하니 뛰어가는 사람들이 보였다. 세상에, 한 쌍의 남녀가 러닝복까지 제대로 갖춰 입고 새털처럼 가볍게 뛰고 있었다. 이런 땡볕 내리쬐는 돌산에서 조깅이라니! 약골인 내게 더할 나위 없이 미스터리한 그들이 시야에서 사라질 때쯤 두브로브니크의 구시가지 모습이 조금씩 보이기 시작했다. 산을 절반 정도 올라왔을 무렵이었다. 사진에서 봤던 것과는 비교도 안 되게 아름다웠다. 눈부시게 푸른 바다 위에 떠 있는 아름다운 섬, 견고한 성벽으로 둘러싸여 있는 작고 단단한 마을, 그리고 그 안에 가득한 붉은 지붕의 물결들. 그 자체로 완벽했다. 내가 머무는 곳이 이토록 아름다운 마을이었음을 느끼는 순간 벅찬 감동이 밀려왔다. 트레킹하는 사람은 나 말고도 두어 명 정도 있었다. 모두들 마을이 잘 보이는 포인트에 서서 눈부신 풍경을 한참 바라봤다. 다들 비슷한 생각, 비슷한 감동을 느꼈을 것이다. 반면 고생 끝에 오른 산 정상은 다소 실망스러웠다. 케이블카가 실어 올린 사람들은 수시로 이곳에 밀려 들어왔다. 전망대는 사진을 찍으려는 사람들로 북적였고, 공중에는 케이블카 줄이 여기저기 엉켜 있어 온전한 섬 모양의 두브로브니크를 보기 힘들었다. 이날의 트레킹은 탁월한 선택이었다.

성벽 위에서 본 두브로브니크의 모습은 눈부시게 황홀했다. 이곳이 왜 지상의 낙원으로 불리는지 알 것 같았다. 느리게 게으르게. 이곳에서 몇 달간이라도 머무를 수 있다면……

두브로브니크 성벽 길에 오른 것은 태양이 조금 누그러진 오후 느지막한 무렵이었다. 두브로브니크에 오면 반드시 해야 할 일로 꼽히는 것 중 하나가 '성벽투어'다. 올드타운을 감싸고 있는 성벽을 걷다 보면 두브로브니크가 품고 있는 갖가지 매력을 볼 수 있기 때문이다. 성벽 입구에는 한 화가가 앉아 있었다. 푸른 물감과 검은 선만으로 아름다운 풍경을 그려 넣은 그의 작품들이 눈길을 끈다. 닳아 있는 낡은 나무 이젤과 뭉툭한 손끝이 화가로서의 보낸 세월이 적지 않음을 이야기해 주는 듯했다. 두브로브니크를 원형으로 두껍게 감싸고 있는 성벽도 굳건하게 이 자리를 지켜 왔을 것이다. 그간 수시로 외세의 침략을 견뎌내야 했던 흔적들은 3m에나 달하는 성벽의 두께에서, 성벽 길 곳곳에 배치되어 있는 낡은 대포를 보며 짐작할 수 있었다.

성벽을 걷는 내내 눈을 즐겁게 하는 것은 완벽한 색의 대비다. 성벽 왼쪽에는 붉은 지붕의 마을이, 오른쪽으로는 푸른 아드리아 해가 끝없이 펼쳐진다. 성벽 위에서 보이는 황홀한 풍경에 온갖 신경을 집중하고 있을 때쯤, '풍덩' 하는 시원한 소리가 울려 퍼졌다. 성벽 아래 삐져나온 너른 바위는 자연이 만든 천연 수영장이다. 바위 위에 배를 깔고 누워 일광욕을 하는 사람들, 책을 보거나 맥주를 마시는 사람들, 하나둘 바다로 뛰어드는 사람들의 모습이 보인다. 성벽 길을 절반쯤 지나오면, 구시가지의 소소한 일상이 눈에 들어오기 시작한다. 광장 한쪽에서 축구를 하고 있는 아이들, 성벽 바로 옆 옥상에서 빨래를 널고 있는 여자, 먹거리를 가판에 늘어뜨려 놓은 식료품 가게, 골목길 앞에 삼삼오오 모여 이야기를 나누고 있는 사람들. 두브로브니크 주민들의 삶의 향기가 고스란히 전달되는 풍경이다.

해가 질 무렵에 성벽을 걸어야 하는 것은 이유가 있다. 그 순간의 구시가지의 가장 아름다

두브로브니크 올드 타운은 대체 어떻게 생겼을까. 도무지 감이 오지 않아 스르지 산에 올랐다. 완벽하게 성벽으로 둘러싸인 붉은색의 도시가 한눈에 들어왔다. 내가 정말 저곳에 있는 것인지, 실감이 나지 않았다.

운 광경을 볼 수 있기 때문이다. 서서히 지는 노을은 두브로브니크의 붉은 지붕을 그대로 덮으며 어디에서도 볼 수 없는 눈부신 풍경을 만들어 냈다. 붉은 지붕이 동유럽의 상징이라지만, 두브로브니크만큼 그 모습을 잘 드러내는 곳을 보지 못했다. 때마침 울리는 교회 종소리. 이 모든 풍경은 경건했고, 장엄했으며, 찬연했다. 이 아름다운 풍경은 평생 동안 잊지 못할 것 같았다.

"정말 짜다!"

물을 연거푸 들이마셨다. 두브로브니크의 음식은 어째서 이토록 짜단 말인가!

여행 후에도 남들이 크로아티아 예찬론자라 칭할 만큼 칭찬만 줄창 하고 다니지만, 음식 이야기만 나오면 망설여진다. 이날 저녁으로 택한 생선 파스타는 소금 한 주먹을 그대로 들이부은 것 같았다. 비싸기까지 해서 남기지 않으려고 꾸역꾸역 먹었더니, 속이 미치도록 쓰라렸다. 이 짜디짠 쓰림을 희석시킬 것이 간절했다.

플라차 대로의 한 노천카페에 자리를 잡고 앉아, 맥주를 마시기 시작했다. 바로 앞에서는 3인조 혼성 밴드의 공연이 열리고 있었다. 주말이면 카페 앞에서는 작은 공연이 열린다. 허스키한 목소리를 가진 여자 보컬이 기타와 드럼 연주에 맞춰 노래를 시작했다. 대리석으로 이루어진 마을 안에서는 보컬과 연주 소리가 반사되어 웅웅거렸고, 마치 거대한 동굴 안에 있는 기분이었다. 관객들도 금세 그 음악에 매료됐다. 한 할아버지와 할머니가 대로 한가운데로 나와 부둥켜안고 춤을 추기 시작했다. 그리곤 두세 커플이 차례로 나오더니 그 옆에서 리듬을 탄다. 모든 관객들은 그 자리에서 몸을 까딱이거나 박수를 치며 음악을 즐겼다. 사람들의 호응에 연주자들의 음악은 더 격렬해진다. 속을 쓰리게 했던 두브로브니크의 짠 음식은 잊은 지 오래였다. 붉은 조명 빛이 태양빛을 대신해 구시가지를 밝히고, 화려한 두브로브니크의 밤은 그렇게 지나간다.

극작가 조지 버나드 쇼는 "진정한 낙원을 원한다면 두브로브니크로 가라"고 했다는데, 그 말이 맞다. 이 낙원에서 머무는 4일이 너무나도 짧게 느껴졌다. 이 작은 마을에서 해야 할 것들은 무궁무진했다. 마음이 원하는 만큼 이 낙원에서 느긋하게 머물고 싶었다.

밤의 두브로브니크는 또 다른 모습이다. 환하게 밝힌 조명은 대리석 위에서 반짝 빛나고, 사람들은 한층 더 들떠서 거리를 활보한다. 음악이 울려 퍼진다. 취기가 오른 사람들이 레스토랑에 앉아 조금은 요란하게 대화를 나눈다. 두브로브니크에서만 즐길 수 있는 화려한 밤의 축제가 시작된다.

또 하나의 포인트,
붉은 도시를 볼 수 있는 올드 포트(Old Port)

두브로브니크의 여러 포인트 중 가장 낭만적인 모습을 볼 수 있는 곳은 올드 포트였다. 해 질 무렵에는 플라차 대로와 시계탑을 벗어나 올드 포트로 향했다. 항구에는 로쿠룸 섬(Lokrum Island) 등으로 향하는 배가 들어오고 떠나고 있었고, 로맨틱한 풍경을 감상하며 바다 앞에 자리 잡고 식사를 하고 있는 사람들이 있었다. 왼쪽 산 중턱에는 옹기종기 모인 하얀 집들이 보였다. 해가 서서히 질 무렵, 붉은 노을은 이 하얀 집들로 쏟아진다. 그리고 마치 원래 노을빛을 가진 집이었던 것처럼 사방이 붉게 물든다. 이토록 붉고 찬란한 풍경을 본 것은 처음이었고, 무척 감동적이었다.

언제나 축제, 음악은 어디든 있다

작은 구시가지에는 어디든지 음악이 있었다. 마을 곳곳에 있는 교회에서는 수시로 클래식 음악회가 열렸고, 아침부터 밤까지 색소폰에서 바이올린 등 홀로 악기를 들고 나온 연주자들이 줄을 이었다. 밤이면 광장은 작은 공연장으로 바뀐다. 재즈, 밴드 음악가들의 연주는 마을의 불빛과 함께 이곳의 밤에 취하게 만든다. 더 늦은 저녁이면, 작은 클럽에 사람들은 모여들고 신나는 음악에 맞춰 몸을 흔드는 광경을 볼 수 있었다. 그야말로 365일이 축제 같은 도시였다.

루마니아Rumania

시나이아

이토록 아름다운, 펠레슈 성

시나이아 수도원에서 펠레슈 성까지 가는 길, 여지없이 나는 길을 잃고 헤맸다. 혼자만의 여행이 두 달이 다 되어 가는데도, '길치'라는 불치병은 도대체 나아질 기미가 보이지 않는다. 우연히 만난 유쾌한 오스트리아인의 친절한 길안내가 없었더라면, 아마 성 근처에도 못 갔을 것이다.

시나이아에 왔다면 꼭 봐야 할 것은 두 가지다. 바로 시나이아 수도원(Sinaia Monastery)과 펠레슈 성(PeleşCastle). 특히 펠레슈 성은 유명하다. 사람들이 시나이아를 찾는 이유도 대부분 이 성을 보기 위해서이며, 시골마을에 불과했던 시나이아가 관광지로 알려진 것도 펠레슈 성이 생긴 후부터다. 카를 1세(Karl I)의 여름 별궁이었던 이 성이 선 후로 주요 도시와 교통이 연결되기 시작했으며, 왕족부터 일반 시민들까지 이곳에 드나들며 이 마을의 아름다움이 널리 알려지게 된다.

펠레슈 성과 더불어 내가 이 도시를 유독 마음에 들어 했던 이유 중 하나는 '볼거리가 많지 않다는 것'이었다. 여행 일수가 쌓일수록 이런 소박한 도시가 좋아진다. '꼭 봐야 하는 것'에 대한 강박이 줄어들면서, 자유로워진다. 그걸 깨달은 후로, 관광 후의 시간을 즐기게 됐다. 도시의 역사가 응축된 관광 명소를 본 후,

펠라슈 성 앞의 아름다운 정원

남는 시간은 도시를 무작정 활보하는 것이다. 처음 접한 도시에 섞여서 낯선 사람, 낯선 공기 안에 있으면, 나도 내가 모르는 낯선 누군가가 되는 것 같아 가슴이 설레었다. 시나이아도 그런 자유로움을 느낄 수 있는 곳일 것 같았다.

펠레슈 성까지 가기 위해서는 긴 숲길을 지나야 했다. 울창한 숲에 들어서자 햇빛에 달궈졌던 몸이 서늘한 숲 기운에 금세 식는다. 숲 한가운데는 피리를 연주하는 백발의 예술가가 있었다. 그가 연주하는 피리 소리가 숲 전체에 기분 좋게 울려 퍼졌다. 숲과 이토록 궁합이 잘 맞는 악기가 있을까. 성으로 들어서는 행진곡이라도 된 양 내 발걸음도 피리소리에 맞춰 가볍고 경쾌해진다.

숲길 끝, 펠리슈 성의 모습이 드러날 때는 탄성이 절로 나왔다. 유럽에서 동화 속 성으로 알려진 곳은 많지만(백설공주의 성으로 알려진 스페인의 알카사르 성이라든가 디즈니 성의 모델이 되었다는 독일의 노이슈반슈타인 성과 비교하지 않을 수 없다) 이곳 역시 그 아름다움에 견주었을 때 결코 뒤떨어지지 않는다. 루마니아를 여행할수록 이곳이 얼마나 편견에 가려져 있었던 곳인지 알게 된다. 드라큘라, 집시, 공산 정권, 가난. 어둡고 부정적인 것이 가득할 것 같았지만, 실제로는 아름다우면서 따뜻한 곳이 얼마나 많은지.

성은 바늘처럼 날카롭게 치솟은 돌색 지붕, 상아색 벽과 짙은 갈색의 장식이 적절히 배치되어 있었다. 주위는 카르파티아(Carpathian) 산이 둘러싸고 있었는데, 막 가을로 접어든 때여서 울긋불긋하게 곱게 물든 풍경이 성과 기가 막히게 조화를 이뤘다. 이 아름답고 고고한 성은 8년 동안 공들여 지어졌다. 긴 기간 독일 건축가 빌헬름 도데러(Wilhelm Doderer), 체코 건축가 카렐 리만(Karel Liman) 등 여러 나라의 건축가들이 이 성을 짓는 데 참여하기도 했다. 무엇보다 흥미로운 것은 내부에 전력 발전소가 있어 전기로 조명과 엘리베이터를 작동시킬 수 있는 유럽

최초 중앙난방식 시설을 갖추고 있었다는 것이다. 중세의 아름다운 모습을 갖춘 이 성이 당시 최첨단이었을 시설을 갖췄다는 아이러니에 다시 한 번 놀란다.

안타깝게도 성의 내부를 볼 수는 없었다. 무려 일주일에 이틀이 휴관일인데, 하필 오늘이 그날이었던 것이다. 하지만 그다지 실망스럽지는 않았다. 이상하게도 왕궁이나 성의 내부를 보는 것은 내게 별다른 감흥을 주지 못했다. 그들의 화려하고 고귀했던 일상은 당연한 것이라 여겨졌고, 거창하게 치장한 살롱이라든가 번쩍이는 장신구들, 수많은 식기구들이 나란히 놓여 있던 왕궁 식당도 박제된 생물을 보는 것마냥 생명력 없이 느껴졌다. 터키의 톱카프 궁전을 돌아볼 때였다. 눈으로 내부를 건성건성 훑다가도 정신이 번쩍 드는 때가 한 번은 있었는데, 그것은 침실 안에서였다. 대부분 왕궁이 그렇듯 화려한 천으로 둘러진 침대는 어린아이가 간신히 들어가 누울 만큼 터무니없이 비좁았다. 과거를 통치했던 왕들의 체격(최소한 키가)이 어린아이만 하다고 생각해 보자. 너무나도 당연한 사실이지만, 내게는 그 사실만으로 세월의 격차가 확 다가온다. 그리고 비로소 이 왕궁이 먼 옛날부터 존재해 왔다는 것을 새삼스레 깨닫곤 했다.

성에 입장할 수 없다는 것을 알고, 혹시나 아쉬움이 남을 만한 것이 있을까 가이드북을 들여다봤다. 호화롭게 장식되어 있다는 170여 개의 화려한 방, 진귀한 보물과 골동품, 4천 점의 무기가 전시되어 있는 전시실, 2천 점의 유럽 미술가의 작품들이 있다고 적혀 있었다. 다른 것은 몰라도 미술 작품을 보지 못한다는 것은 조금 아쉬웠다. 긴 여행의 소득 중 하나는 그림에 약간의 애착이 생긴 것이었다.

펠레슈 성에 들어가지 않더라도 괜찮은 이유 중 하나는 바로 앞 아름다운 테라스 때문이었다. 섬세한 조각이 조화롭게 전시되어 있는 곳이었다. 그곳에는 성안에 들어가지 못한 관광객들이 꽤 있었는데, 다들 크게 개의치 않는 것 같았다.

"사진 좀 찍어주시겠어요?""

젊은 연인부터 노신사까지 모두들 이 아름다운 성을 배경으로 사진을 남기고 싶어 했고, 유일하게 혼자 온 나는 한참 동안 이들의 찍사가 되어줘야 했다. 테라스에는 이탈리아 예술가 라파엘로 로마넬리(Raffaello Romanelli)가 조각한 동상과 돌로 된 우물, 꽃병, 대리석 조각 등이 있었다. 성의 배경에 매혹된 탓인지 이런 조각들까지도 멋진 작품 같아 보였다. 계단 끝에 있는 커다란 사자상의 부릅뜬 눈은 그 앞에서 보기만 해도 약간 섬뜩할 만큼 실감났다.

성에서 나와 다시 언덕 아래 마을로 내려오니, 이곳은 휴양지 느낌이 물씬 나는 성 주변과는 다른 모습이었다. 시가지는 우리나라 1990년대 초반 정도를 연상케 하는 거리였다. 원색의 촌스러운 스웨터와 발목까지 덮인 치마를 입은 마네킹의 가게를 지나자 로봇, 마술봉 같은 구식 장난감이 먼지와 함께 쌓여 있는 상점이 나왔다. 그리고 오래된 과거 사이로 들개들이 어슬렁거리며 돌아다녔다. 차분히 들어앉을 카페 같은 곳도 보이지 않았다. 유일하게 들른 곳은 한 골동품점이었다. 평소라면 그냥 둘러만 보고 나왔을 텐데, 촌스럽지만 무장해제될 것 같은 마을의 분위기 때문일까. 부엉이가 조각되어 있는 석고 책꽂이를 거리낌 없이 구입했다. 그리고 밀가루 반죽을 쇠꼬챙이에 말아 숯불에서 구운 후 토핑을 얹은 뜨르들로(Trdlo, 루마니아의 전통빵)를 사서 조금씩 뜯어먹으며 거리를 배회했다. 동양인이 많지 않은 곳이라 많은 사람들의 시선이 내게 꽂혔지만, 별로 개의치 않았다. 시간이 있다면, 이 마을에서 하룻밤을 보냈으면 좋았을 것을. 하지만 이미 기차표를 끊은 후였고, 브라쇼브에서 며칠간 숙박비까지 다 지불한 상태였다. 이것을 모두 포기할 만큼의 대담함이 그때의 나에겐 없었다.

쇼윈도 창 안에는 1980~90년대에나 볼 수 있을 법한 옷가지들이 걸려 있다. 한 가게의 가판에는 낡은 장난감이 수북이 쌓여 있다. 개들은 어슬렁거리며 거리를 활보한다. 뜨르들로가 구워지는 냄새는 달큰하다. 모든 것이 낡고 헤졌지만 그 사이에 내 마음도 무장해제되고 만다.

시나이아 가는 방법

부쿠레슈티와 브라쇼브, 두 도시에서 열차로 가기에 편하다. 열차는 많은 편이나, 열차 유형에 따라 소요 시간의 차이가 많이 나니 특급 열차를 이용하자. 열차를 타고 갈 때는 도착지에 대한 안내가 전혀 없기 때문에, 옆에 앉은 현지인에게 표를 보여주며, 내릴 곳을 알려달라고 하는 편이 좋다. 부쿠레슈티에서 1시간 30분~2시간 30분, 브라쇼브에서 1시간~1시간 30분 소요.

신비로운 분위기, 시나이아 수도원(Sinaia Monastery)

교회와 수도원은 수없이 봐서 별 감흥이 일지 않았을 때, 이 수도원에 가게 됐다. 무척 독특하고 신비로운 분위기가 풍기는 곳이어서 모처럼 유심히 보게 된 건축물이었다. 화려한 외관은 물론이고, 내부 벽화와 장식도 볼만하다. 총 2개의 교회 건물이 있으며 수도사들이 실제로 거주하고 있어 검은 제복을 입은 그들의 모습을 종종 목격할 수 있다. 이 수도원의 존재감은 이름에서 확인할 수 있는데, '시나이아'란 도시명도 이 수도원의 이름을 따서 붙었다고 한다.

시나이아에는 개가 많다?!

시나이아 거리에는 유독 개가 많았다. 루마니아에 떠돌이 개가 많다는 사실은 알고 있었지만, 관광 도시로 매끈하게 정비된 브라쇼브에 주로 머물다 보니 개에 대해서는 까맣게 잊고 있었다. 느릿느릿 걷는 개부터, 죽은 듯이 바닥에 드러누워 있는 개까지. 한마디로 '개 천지'였다. 새삼 펼쳐든 가이드북에는 이렇게 적혀 있었다.

"루마니아에는 떠돌이 개가 산재해 있다. 개에 물려 사망하거나 상해를 입은 사례가 빈번하니 매우 조심해야 한다."

루마니아에 이렇게 개가 많은 것은 1989년 민주 혁명으로 붕괴된 차우셰스쿠(Nicolae Ceausescu) 공산정권에서 시행했던 도시 계획 때문이라고 알려져 있다. 차우셰스쿠 대통령은 당시 루마니아를 현대 도시로 만들기 위해 낡은 건물을 모두 철거하고 아파트와 공공건물을 지었다. 이때 아파트 입주민들은 개를 키우기 힘들어져 대량으로 거리에 버렸고, 이 개들이 번식해 엄청난 숫자의 떠돌이 개가 생겨났다는 것이다. 정처 없이 떠도는 수많은 개들은 도시의 골칫덩어리가 되고 말았다. 그리고 버려진 개들의 문제를 해결하기 위한 방법은 공존이 아닌 살생이었다. 2001년 루마니아의 수도 부쿠레슈티의 시장은 '떠돌이 개 도살 작전'을 발표했고, 그 작전을 시행한 지 1주일 만에 1천 마리의 개를 도살했다. 최근 들어서는 안락사를 시키는 것으로 방침이 순화되었다고는 하나 여전히 떠돌이 개 도살 작전은 이어지고 있다.

마을에는 순한 개들이 대부분이나 상해를 입은 사람이 있는 만큼 조심해야 할 필요성은 있어 보인다. 무엇보다 냄새가 솔솔 풍기는 먹을 것을 가지고 다닌다면 개들이 '개 떼처럼' 모여들 가능성이 있으니 조심하자.

그리스 Greece

미코노스

푸르고 하얀 섬 미코노스에서 펠리컨 찾기

하얗고 파랗기만 한 섬. 미코노스에는 오직 두 가지 색만 존재하는 것 같았다. 매끈한 조약돌 같은 하얀 집, 코발트블루 빛 지붕과 울타리, 흰 페인트로 덮인 골목길, 새파란 지중해와 하늘, 그리고 그 위를 날고 있는 백색의 비둘기 무리까지. 마을 곳곳에는 파랗고 하얀 줄이 교대로 그어진 그리스 국기가 펄럭이고 있었다. 미코노스를 한 장의 천에 찍어낸다면 딱 저 모양대로일 것이다. 이곳에 다른 색을 가져오는 것은 오로지 현란한 옷차림의 관광객들과 골목길을 어슬렁어슬렁 걷고 있는 진갈색, 회색 고양이들뿐이었다.

미코노스의 중심지 코라 마을. 거미줄처럼 이어진 하얀 골목길을 천천히 걸을 때, 모든 생각과 고민도 하얗게 바다로 증발한다.

원래는 ATV를 타고 섬을 한 바퀴 돌 계획이었다. 몇 년 전 터키의 카파도키아에서 ATV를 탔던 기억이 생생했다. 스타워즈의 배경으로 유명한 그곳은 기이한 바위가 길 양쪽으로 끝없이 펼쳐져 있었다. 해 질 녘, 광활한 대지 위에서 모래 바람을 일으키며 그곳을 달렸다. 묵직하게 땅을 구르는 차체의 떨림이 좋았다. 낙타를 타고 물 위를 걷는 것처럼 괴상하면서 공중에 붕 떠 있는 것 같은 기분이었다.

하지만 결국 이 섬에서의 ATV는 포기해야만 했다. 껄렁한 남자 몇 명이 진을 치고 있는 렌터카 매장에 들어가기가 머쓱했다는 싱거운 이유와 더불어 주요 탐방로인 마을은 걸어서 충분히 돌아볼 수 있기 때문이다. 무엇인가를 타고 해변까지 가기에는 날마저도 썰렁했다. 결정적으로 ATV를 타고 시커먼 연기를 내뿜으며 골목을 무법자처럼 쏘다니는 사람들을 보고나서는 남은 미련마저 사라졌다.

유독 하얗게, 파랗게 빛났던 코라 마을.
미코노스에는 두 가지 색만 존재한다.

하얀 석고 집들이 물결을 그리는 코라(Chora) 마을에 들어서니 미로 같은 골목길이 눈앞에 펼쳐진다. 유럽의 미로 같은 골목길은 수없이 다녀봤는데도 이곳만큼 강력한 곳은 없었다. 미코노스만이 갖고 있는 색과 굴곡 때문일까. 하얀 벽이 방향 감각을 둔하게 만들었고, 잔잔한 굴곡의 골목을 걷는 것은 일렁이는 파도를 타는 느낌이었다. 세상과 완전히 차단된 섬에 왔다는 고립감이 기분 좋게 느껴지는 곳. 귀를 소란스럽게 했던 세상의 여러 소리와 현실적인 걱정들은 이 하얀 벽에 반사되어 지중해 너머로 흩어진다.

골목에서 눈에 잡아끄는 또 다른 것이 있다면 바로 기념품이었다. 여행 중에 웬만큼 필요한 것이 아니면 눈길조차 주지 않는 편인데도, 이곳에는 지갑을 몽땅 털어 넣고 싶을 정도의 화사한 소품 천지다. 이 중 몇 개를 골라 가져가면, 미코노스의 푸르면서 하얀 온기를 그대로 담아갈 수 있을 것 같았다. 수십 번 고심한 끝에 석고로 만든 미코노스의 작은 가옥, 파랗고 하얀 섬의 특징을 잘 살린 그림이 채색된 벽걸이, 그리고 개나리 색의 펠리컨 모형을 샀다. 노란 병아리 같은 깜찍한 모양의 펠리컨이었다.

미코노스의 여러 기념품들

펠리컨이 미코노스 섬에 살고 있다는 것은 얼핏 들어서 알고는 있었다. 주로 레스토랑 주위를 돌아다니며 먹이와 물을 얻어먹는다고 했다. 펠리컨을 찾아 하루 종일 섬을 돌아다녔지만, 결국 보지 못해 안타까웠다는 이야기도 들렸다.

아무 생각 없이 들어선 바닷가에서 나는 운 좋게도 펠리컨을 만났다. 생각보다 큰 덩치와 눈부시게 하얀 털을 가진 펠리컨은 바닷가 앞에서 서성이고 있었다. 그 주위에는 관광객 몇 명이 신기한 듯 새를 둘러싸고 있었다.

“저 옆에 가서 서 봐요. 같이 사진 찍어 줄게요.”

펠리컨에 온통 정신이 팔려 있을 때, 옆에 있던 남자가 어깨를 툭툭 치며 말했다. 새라면 질색하는 내가 아니던가. 특히나 ‘닭둘기’에서부터 시작된 새에 대한 공포증은 거의 모든 조류로 확장됐다. 런던 제임스파크의 잔디에 누워 푸른 하늘을 올려다보며 여유를 만끽하고 있을 때, 십여 마리의 비둘기와 오리 떼가 동그랗게 원을 그리며 내 주위를 포위했던 것은 여행 중 잊지 못할 끔찍한 기억 중 하나였다. 이 공포증을 이겨낸 것은 불굴의 인증샷에 대한 욕구 때문이었다. 좀처럼 보기 어렵다는 펠리컨을 만났는데, 사진 한 장 정도는 남겨야 하지 않는가.

새 옆에 가까이 서니 그 몸집은 더 거대하게 느껴졌다. 내 허리 위까지 오는 머리와 새하얀 몸, 게다가 몸뚱이만큼 길쭉한 노란 부리. 늘어진 턱 주름을 보니 주둥이를 벌리면 물고기 몇 마리는 족히 들어갈 것 같았다. 잘못 건드렸다가는 크고 날카로운 부리에 쪼일 것 같아 멀찍이 서서 쭈뼛거리는 내게 과도하게 친절한 이 남자는 외쳤다.

“조금 더 가까이, 다정하게 서 봐요.”

나중에 사진을 보니 어찌나 우스꽝스럽던지. 겁먹은 표정에 허리를 옆으로 쭉 빼고 서 있는 내 모습과 무심한 듯 그 옆에 서 있는 펠리컨. 이런 일은 일상이라는 듯 담담한 모습이 세상사 달관한 도인 같다. 사진을 찍고, 관광객이 흩어지고 나서도 나는 펠리컨을 얼마간 관찰해 보기로 했다. 제일 먼저 엉덩이를 뒤뚱거리며 걸어간 곳은 버려진 듯한 조각배 앞이었다. 펠리컨은 배에 고인 물을 먹으려고 하고 있었다. 부리를 옆으로 뉘어 두세 번 물을 먹으려고 시도했지만, 성공할 리 만무했다. 여우와 두루미 동화를 읽을 때 접시 위 수프를 먹지 못하는 두루미를 얼마나 안타까워했던가. 수중에 갖고 있는 물도 없었다. 동화에서처럼 몇 번이고 부리를 가져다 댔지만, 물은 계속 새어 나갔다. 결국 포기하고선 흰 날개를 활짝 펴며 배 위로 경중 올라선다. 그리고 한참 거기에서 바다를 바라보고 있었다. 마치 바다 멀리 곧 날아가기라도 할 것처럼.

뜬금없이 섬에 돌아다니는 것만 같은 이 펠리컨에는 전설 비슷한 사연이 있다.

미코노스 사람들과 관광객의 사랑을 받는 펠리컨.
종일 바닷가와 골목을 어슬렁거리며 먹이를 찾거나 잠을 청한다.

1958년, 미코노스의 한 어부가 부상당한 한 펠리컨을 발견해 정성껏 치료를 해준다. 미코노스 사람들은 펠리컨에게 'Petros'라는 이름을 지어 주며, 섬의 마스코트로 삼았다. 사람들의 사랑을 독차지하던 이 펠리컨은 이후 차에 치여 숨을 거두고 만다. 많은 주민들이 펠리컨의 죽음을 슬퍼하며 애도를 표했는데, 이 사실을 안 동물원 등 여러 단체에서 펠리컨을 기부하기에 이른다. 그리고 지금까지 펠리컨은 계속해서 미코노스의 상징으로 사랑을 받으며 살아가고 있다고 했다.

섬을 한 바퀴 돌고 나서 다시 이곳으로 왔을 때, 다시 한 번 펠리컨과 모여 있는 사람들이 보였다. 머리를 쓰다듬으려고 하는 과감한 사람도 보였다. 이상하게도 혼자 쓸쓸히 바다를 바라보고 있었던 때보다 사람들과 함께 있는 지금이 더 생기 있어 보였다. 그 이유가 먹을거리를 얻기 위한 본능 때문인지, 함께 살아온 세월 때문인지 모르겠지만. 하얗고 푸른 이 섬에 펠리컨보다 더 어울리는 새는 아무리 생각해도 없는 것 같다. 지금도 미코노스를 생각하면 바닷가를 거니는 펠리컨이 생각난다. 하얀 날개를 느리게 퍼덕이며 뱃머리를 오르내리는 영민한 모습이. 언제까지고 사랑받는 미코노스의 상징으로 남기를…….

미코노스로 가는 방법

- 아테네에서 미코노스로 가는 페리를 타기 위해서는 피레우스(Pireus) 항구 또는 라피나(Rafina) 항구로 가야 한다. 출발 시간, 선박 회사에 따라 출발하는 항구가 다르니, 확인 후 이동해야 한다. 약 4시간 30분소요.
- 아테네 공항에서 라피나 항구까지 가려면 공항에서 항구까지는 공항 버스를 이용하면 된다(공항 2~3번 입구 사이에 있는 정류장에서 탑승 가능).

* 페리 예약 Hellenic Seaways www.hellenicseaways.gr
Danae Travel Bureau www.danae.gr/ferries-Greece.asp

미코노스 여행법 두 가지

하나, 다운타운에서 느긋하게 돌아다니기

미코노스의 상징인 하얗고 눈부신 마을. 그곳이 바로 미코노스 내 가장 큰 마을인 '코라'다. 아마 미코노스에 머물면 대부분 이곳에서 시간을 보내게 될 텐데, 하얗게 이어진 골목과 푸른빛의 가옥들, 그리고 언덕 위로 보이는 풍차까지 마치 전혀 다른 세상에 있는 듯한 느낌을 주는 곳이다. 마을 전체를 한 바퀴 도는 데 1~2시간 정도면 충분하지만, 다니면 다닐수록 천천히 머물고 싶어지는 마력을 가진 곳이기도 하다.

둘, 푸른 지중해가 펼쳐지는 해변으로!

미코노스는 비치가 많아 수영을 즐기기에도 적합한 섬이다. 코라 마을에서 해변으로 가려면 버스나 스쿠터를 이용해야 한다(스쿠터나 ATV렌터숍은 마을 곳곳에서 볼 수 있다. 빌리려면 국제면허증이 필요하니 미리 준비해 가자).
미코노스의 유명한 비치로는 누디스트 비치로 유명한 파라다이스 비치(Paradise Beach), 조용하고 한적한 파라가 비치(Paraga Beach), 백사장이 아름다운 엘리아 비치(Elia Beach) 등이 있다.

무라카미 하루키처럼 미코노스 산책하기

부재 중 전화 10통.

아침에 일어나자마자 확인한 휴대폰에 낙인처럼 찍혀 있는 부재중 표시는 그리 반갑지 않았다. 그리고 역시 짐작했던 대로 그 주인공은 젝키였다. 젝키는 아테네에서 미코노스로 들어오는 배 안에서 만난 사람이었다. 루마니아에서 비행기를 타고 아테네에 도착하고선 곧바로 배를 타는 바람에 무척 피곤했던 나는 배를 타고 가는 내내 곯아떨어졌는데, 눈을 떴을 때 젝키가 건너편에 앉아 있었다. 그리고 마치 아는 사람을 만난 양 자연스럽게 내게 인사를 건넸다. 국적도 몰랐다. 까무잡잡한 피부와 검은색 고수머리로 아랍 계통임을 짐작할 뿐이었다. 거친 외모와는 달리 무척이나 수다스러웠던 그는 묻지도 않은 이야기를 술술 풀어놓기 시작했다.

"모스크바에서 몇 년 동안 공부했었어. 그리고 그 후에 여러 나라를 여행했지."

젝키는 유럽은 물론 남미, 아시아까지 틈 나는 대로 떠돌아다니고 있다고 했다.

"미코노스도 이번만 세 번째야. 물론, 이번에는 아는 형이 운영하는 바(bar) 일을 도와 주러 가는 거긴 하지만. 이번에는 그리스어도 좀 배워 왔다고!"

젝키는 그 후로 1시간 동안 지친 기색 없이 일방적인 수다를 떨었다. 내가 한 말이라고는 "가장 좋았던 여행지는 어디였어?"와 젝키의 호구조사에 짧게 대답하는 것뿐이었다. 그리고 배에서 내릴 때, 젝키는 "blue blue라는 곳에 있을 거니까, 꼭 놀러 와"라며 전화번호를 물었다. 별 생각 없이 전화번호를 줬는데 그것이 문제였다. 헤어진 날 저녁부터 다음 날까지 전화벨은 끊이지 않았고, 나는 받지 않았다.

지치지 않는 그의 수다가 부담스러웠을뿐더러, 낯선 누군가와 이 섬을 다니고 싶지는 않았다. 그리고 혹여나 그를 마주치진 않을까 종일 노심초사하며 다녀야 했다.

배에서 젝키의 이야기를 듣고 있을 때, 뜬금없이 나는 무라카미 하루키가 떠올랐다. 미코노스에 세 번째 방문, 한 달간의 체류, 약간의 그리스어를 배운 것, 그리고 바까지. 미코노스에 머물렀던 하루키의 상황과 흡사한 부분이 많았던 것이 이유라면 이유였다. 20여 년 전, 하루키는 미코노스에 방 두 개짜리 집을 구해 부인과 함께 한 달간 머물며 글을 썼다. 매일 하루를 마라톤으로 시작해, 직접 부두에 나가 배워 온 그리스어로 생선을 사기도 하며 저녁에는 종종 바에 가는 등 유유자적한 생활을 즐긴다. 그리고 그는 자신을 세계적인 작가로 발돋움하게 해 준『노르웨이의 숲』을 이곳에서 집필한다. 무라카미 하루키는 여행에세이『먼 북소리』에서 당시 미코노스에서『노르웨이의 숲』을 쓰게 된 상황에 대해 이렇게 이야기하고 있다.

> 「위대한 데스리프」를 완성한 후 스펫체스 섬에서의 생활에 대해서 설명한 간략한 글을 몇 편 쓴 다음 학수고대하던 소설을 쓰기 시작했다. 그때는 소설이 쓰고 싶어서 몸이 근질근질했다. 내 몸은 말을 찾아서 바짝바짝 타고 있었다. 거기까지 내 몸을 '끌고 가는' 것이 가장 중요하다. 장편소설은 그 정도로 자신을 몰아세우지 않으면 쓸 수가 없다. 마라톤처럼 거기에 다다르기까지 페이스 조절에 실패하면 막상 버텨야 할 때 숨이 차서 쓰러지게 되는 것이다.

당시 하루키가 겪고 있는 여러 상황이 있었겠지만, 미코노스의 생활이 어느 정도 영향을 미쳤음이 분명했다. 이토록 평화로운 곳에서 어떤 것이 그의 몸을 근질근질하게 그리고 바짝바짝 타게 만든 것일까.

숙소에 짐을 내려놓고, 바닷가로 나왔을 때는 바람이 심하게 불고 있었다. 바닷가 옆에는 주욱 늘어선 카페와 레스토랑이 보였고, 그 끝에는 '리틀 베니스'가 보였다. 바다 위로 집 10여 채 정도가 아슬아슬하게 걸터 있는 곳이었다. 거대한 운하와 물 위에 많은 가옥이 있는 진짜 베니스와 비교하기에는 무리인 듯했지만, 굳이 베니스를 갖다 붙이지 않아도 바다 위의 집은 충분히 매력적이었다. 각 건물에는 바다와 맞닿은 좁은 테라스가 있어서 그 위를 걸어갈 수도 있었다. 하지만 종아리에서 허리 높이까지 몰아치는 파도가 공포스럽기 그지없었고, 그 짧은 거리를 몇 번 가다 서다를 반복한 끝에야 무사히 건널 수 있었다. 모든 섬이 그렇다지만, 10월 끝 미코노스의 바람과 파도는 유난히도 거칠었다.

하루키 역시 미코노스의 '바람'에 대해 이야기한다. 차고 습한 바람, 땅 위에 있는 사물을 떨쳐버리려는 것처럼 심한 바람, 그리고 한 번 불기 시작하면 며칠은 계속 된다는 그 거센 바람. 그리고 바람은 겨울이면 더 심해져 언제나 따뜻할 것만 같은 미코노스를 춥고 썰렁한 섬으로 만들어 버린다. 하지만 나는 그 바람이 좋았다. 푸른 지중해를 그대로 머금고 뜨거운 햇살이 조금 섞인 바람을 고스란히 맞고 있자면 가슴속까지 청정한 어떤 물질로 가득 채워지는 느낌

바닷가에 자리 잡은 레스토랑 사이로 바닷물이 넘쳐흘러든다.

이었다. 단 한 가지, 미코노스에서 유명한 파라다이스 비치를 못 가본 것은 오로지 이 바람 때문이었다고 생각하고 있다.

점심 무렵, 지중해가 눈앞에 펼쳐지는 레스토랑에 자리를 잡았다. 미코노스에서 레스토랑은 코라 골목에도 많지만, 멋진 바다 풍경을 볼 수 있는 해변 레스토랑이 단연 인기다. 여행 중 나는 하루에 한 번꼴로 레스토랑에 갔다. 아침은 숙소에서 해결하고, 저녁은 근처 가게에서 간단한 먹을거리를 사들고 가는 식이었다. 그래서 레스토랑에서 점심을 먹을 때면 항상 원래 양보다 과하게 주문하고는 했다.

메뉴를 보니 생선류가 가장 먼저 눈에 띄었다. 그리스에서라면 생선을 먹어야 하는 게 맞다. 하루키는 미코노스에서 생선 먹는 걸 즐긴 듯했지만, 피레우스 항구에서 접시 위에 수북이 쌓인 함시 튀김(멸칫과 생선으로, 멸치보다 약간 더 크고 맛은 고등어와 비슷하다)을 먹은 후 나는 생선에 완전 질려 있었다. 결국 그리스 전통요리인 수블라키와 스파나코피타(시금치 파이)를 선택했다. 닭고기와 야채를 꼬치에 꽂아 구운 수블라키는 입맛에 잘 맞았고, 파이 역시 바삭하면서 고소했다.

레스토랑에서 바다를 보다 문득 궁금해졌다. 하루키가 사는 집은 어디에 있을까. 한가해 보이는 레스토랑 주인에게 넌지시 물었으나, 하루키가 누군지 모른다는 듯 어깨만 들썩일 뿐이었다. 나 역시 침실에서 바다가 한눈에 보이는 곳이었다는 것 정도만 알고 있을 뿐이었다.

할 일 없이 바닷가를 다시 걷다가 뜨겁게 내리쬐는 햇빛을 참지 못하고 숙소에서 잠시 쉬어가기로 했다. 미코노스에서 머무는 이 호텔은 여태껏 묵은 곳 중 최상위권에 속했다. 하얗고 둥그스름한 외형의 이 호텔은 내부는 이렇다. 방문을 열고 들어가면 푸른 시트가 깔린 침대와 햇빛이 가득 쏟아져 들어오는 큰 유리창이 있다. 유리창을 열면 앉아서 쉴 수 있는 개별 테라스가 나오는데, 이곳에서 미

해가 질 때는 풍차가 있는 언덕에 올라야 한다.
바로 앞에서 노을 지는 풍경을 볼 수 있기 때문이다.
풍차가 한 번 돌 때마다 해도 점점 바다 밑으로 내려간다.

코노스의 풍차와 지중해가 한눈에 보였다. 테라스로 통하는 문을 열고 침대에 대자로 뻗었다. 하늘색 칠을 한 나무 천장에는 거대한 흰색 프로펠러가 천천히 돌고 있었다. 인테리어도 모두 미코노스답다. 열어 놓은 테라스로 불어오는 바람마저 파란색이어서 햇빛에 달궈진 머리를 식혀 주는 것 같았다. 이런 곳에 산다면 어떤 어려움이라도 담담하게 넘길 수 있을 것 같았다.

바람의 섬답게 미코노스의 언덕에는 5개의 풍차가 자리 잡고 있다. 우뚝 서 있는 새하얀 풍차는 마치 그리스의 신들이 살고 있는 신전처럼 보였다. 해가 질 무렵 풍차의 언덕에 올랐다. 풍차 옆에는 작은 성당이 있었고, 그 옆에는 발을 공중에 내 놓고 노을을 감상할 수 있는 발코니가 있었다. 가장 멋진 전망대를 차지하기 위해 그곳을 향해 걸어갈 때, 어떤 사람이 나를 휙 제치고 빠르게 앞서나갔다. 남자 둘이었다. 그들은 내가 찜한 그 명당에 털썩 주저앉아 손을 잡았다. 지는 해를 마주 보고선 맥주를 마시기 시작했다. 젝키는 혼자 여행 왔다는 나를 보고 놀리듯이 말했다.

"미코노스가 동성애자들이 많은 곳인 거 알지? 혹시 모르니 조심해! 하하."

미코노스에서 머무는 동안 젝키를 볼 수 없었다. 생선도 먹지 않았고, 바에도 들르지 못했다. 미코노스에서 머무는 동안 하지 못한 일들이 너무 많다는 생각이 든다. 언젠가 썰렁하지만 조용한 겨울에 미코노스에 가서 얼마간 살아보고 싶다. 이른 아침 부두에 가서 생선을 사고, 찬바람을 맞으며 지중해를 보고, 늦은 저녁 바에도 들러보는……. 그렇다면 나도 근질근질하고 바짝바짝 타는 열정으로 무엇이든 할 수 있을 것만 같았다.

미코노스에서 먹어야 할 음식들

비단 미코노스뿐 아니라 그리스 어디서든지 맛봐야 할 음식들이 있다. 특히, 그리스 음식은 맛도 맛이거니와 건강식으로도 유명하다. 또한 그리스 섬에 왔다면 지중해를 보며 음식을 먹는 것은 반드시 해야 할 일! 골목길에도 많은 레스토랑이 있지만, 해변 앞 레스토랑에서 한 끼쯤은 해결해 보자. 가격이 조금 비싼 것은 감안하고서라도!

❖ 그릭샐러드(Greek Salad)

토마토 오이, 파프리카 등 야채 위에 페타치즈가 올라가며 올리브오일이 들어간 샐러드. 언뜻 심심할 것 같지만, 신선한 야채와 고소한 치즈의 궁합이 입맛을 돋워 준다. 어느 레스토랑에서도 항상 빠지지 않는 메뉴며, 양도 푸짐하다. 한국에서 똑같이 만들어도 도저히 같은 맛이 나지 않는 것은 의문이다.

❖ 스파나코피타(Spanakopita)

파이에 시금치가 들어간다? 생각지도 못한 조합이 그리스에 있었다. 페타치즈와 달걀로 반죽을 한 속에 크림소스와 시금치를 넣고 구운 그리스 전통요리다. 안은 바삭하고 고소하며, 속은 진한 치즈향이 배어 있다. 바닷가 앞에서 먹은 스파나코피타의 맛은 잊을 수가 없다.

❖ 수블라키(Souvlaki)

그리스에 가면 꼭 먹어 봐야 할 음식으로 우리나라 꼬치구이와 비슷하다. 양고기, 소고기 등을 야채와 꼬치에 끼워서 굽는데, 우리 입맛에 잘 맞으며, 양도 푸짐한 편. 보통 레스토랑에서는 접시에 꼬치구이를 내어오는 형태이고, 길에서 파는 수블라키 피타의 경우 '피타(Pitta)'라는 빵에 수블라키를 끼워 주는 버거 형태로 맛은 물론 가격까지도 저렴하다(3유로 정도).

1 그릭샐러드
2 스파나코피타
3, 4 수블라키

GRAND HOTEL
BULGARIA
BNP PARIBAS